# UP STYLE DESIGN

고경숙 · 윤복연 공저

CHUNG-KU Publisher

# 머리말 preface

업스타일은 "머리카락을 위로 치켜 올려 목선을 드러내는 머리 꾸밈새의 하나"라고 사전적으로 정의하고 있다. 그러나 실제 응용부분에서의 위로 올린 업스타일 뿐만 아니라 아래로 내린 다운 스타일에서도 적용이 된다.

일반적인 헤어스타일에 비해 업스타일은 비교적 숙련된 테크닉과 다양한 스타일을 요구하고 있으며 얼굴의 형태, 때와 장소에 어울리는 의상디자인과의 조화도 생각해야 하는 만큼, 디자이너에게는 별도의 예술적 감각과 조형감각이 요구되기도 한다. 또한, Long hair 뿐만 아니라 Short hair, Medium hair에도 가체를 비롯한 각종 도구를 이용한 올림머리가 유행을 하고 있을 정도로 업스타일에 대한 고객의 수요는 가히 폭발적이다.

과거에는 결혼, 회갑연, 파티복이나 한복을 입었을 경우 등 특별한 경우에만 업스타일을 했지만 근래에 와서는 일상에서도 업스타일을 선호하는 사람들이 많아지고 있는 만큼 많은 사람들이 선호하는 헤어스타일로 자리잡게 되었다.

그러나 올림머리를 선호하는 사람들이 날로 늘어나고 있는데 비해 만족할만한 업스타일을 시술할 수 있는 디자이너는 턱없이 부족하여 오랜 경력을 가지고 있는 미용사들도 별도의 경비와 시간을 할애하여 업스타일 교육을 받고 있는 실정이다.

이 책에서는 업스타일을 하기위한 베이직 디자인 이론을 시작으로 응용 업스타일에 이르기까지의 과정을 사진과 함께 체계적으로 알기 쉽게 설명하였고 동·서양의 업스타일 시술과 우리나라 옛 여인들의 업스타일 중 손쉽게 시술할 수 있는 몇 가지를 수록하였다.

기초부터 응용까지 누구든지 쉽게 따라 할 수 있도록 표현하고자 노력은 했지만 스스로는 미비한 점이 느껴져 차후의 교재에서는 심층 보완하여 업스타일을 배우고자 하는 학생들에게 보다 만족스런 교재로 자리매김할 수 있기를 기대한다.

끝으로 이 책을 발간하는데 도움을 주신 청구문화사 이상태 사장님과 휴가기간에도 열과 성을 다해 주신 임직원 여러분께 진심으로 감사의 말씀을 드린다.

2009. 8.

저자일동

# 목 차 contents

# 1

# 업스타일의 개념

# 업스타일의 개념

업스타일은 여자의 머리 꾸밈새의 하나로 머리카락을 위로 치켜 올려 목덜미를 드러나게 하고 두부의 위쪽에 중점(point)을 둔 형식이라는 사전적 의미로 정의되어있는 바와 같이 옛 여성들은 생활에 불편함을 해소하기 위해 묶거나 또는 올렸다. 또한 신분적인 위치에 따라 모발을 이용한 헤어스타일을 달리하였으며, 특히 올림머리의 높이와 장신구의 사용에 따라 사회적인 지위를 알리는 수단이기도 하였다. 특히, 로코코 시대에는 머리 높이에 따라 귀족적이라고 생각하였고 머리 장식 재료의 사용과 헤어 스타일에 따라 아름다운 화원, 사랑의 끈, 달, 별 등으로 머리에 명칭을 부여하기도 하였다. 이후 현대에 와서는 아름다움을 표현하는 한 장르로 우아하고 여성스럽게 디자인하여 개인의 이미지 및 목적과 장소와 시대의 흐름에 부합되도록 표현하고 있다.

업스타일의 경우 모발의 길이가 길 경우에는 다소 편안하게 스타일을 표현할 수 있으며 모발 길이가 짧을 경우에도 헤어피스(Hair piece)를 사용하여 연출 할 수 있어 모발 길이와 관계없이 디자인의 구상에 따른 구형, 편구형, 장구형 등의 형태로 업스타일 느낌을 줄 수 있다. 대칭과 비대칭적인 구도를 활용하여 다양한 스타일로 표현할 수 있는 업스타일은 디자이너 개개인의 노력과 역량으로 고객의 욕구를 충족 시켜 줄 수 있게 아름답고 우아하게 연출 할 수 있다.

업스타일을 아름답게 표현하고자 하면 과학적인 방법으로 형태를 갖추고 개념적이며 체계적이어야 한다. 그렇지 못할 경우에는 아름다움을 표현하고 느낄 수 없다. 따라서 업스타일은 일정한 규칙과 법칙, 기교에 의거하는 미적예술(Fine art)로서 디자이너가 미적 비례에 따라 얼굴형과 두상형태 즉, 각 부분의 크기와 상호 비례가 완벽하고 조화롭게 될 때 아름다운 업스타일이 되며 표현의 방법은 다양하다. 반복된 기법의 표현, 비율적인 표현, 얼굴형태에 따른 표현, 방향성의 표현, 색채를 포함한 구성 등으로 업스타일은 목적과 개념에 따라서 조화롭게 하는 응용예술이다.

# 2 업스타일의 역사

# 헤어 스타일의 역사

## 1. 한국의 업스타일 역사

### 1) 고 대

지구상에 인류가 등장한 것은 2, 3백만년 전부터라고 하며, 원시시대의 역사는 고고학적 유물, 유적들을 통하여 알아볼 수 있다. 우리 민족사의 무대가 되는 한반도와 만주 지역에서도 많은 유적이 발견되어 구석기, 신석기 문화를 거쳐 청동기문화 단계로 발전하였음을 알 수 있다. 원시시대는 인간이 사용했던 도구에 따라 구석기, 신석기, 청동기로 구분하며 구석기인들이 살았던 흔적과 사람의 뼈나 화석, 돌로 만든 도구들이 우리나라의 여러 동굴의 벽화와 유적지의 유물에서 볼 수 있다. 이 시기에는 사냥과 채집으로 생활을 하던 때로 외모에 관심을 가질 생각도 하지 못하여 자연적으로 흐트러진 피발(被髮)을 하였고 생활의 불편함을 해소하기 위해 식물의 줄기 또는 짐승의 가죽으로 끈을 만들어 묶는 속발(束髮)을 하였다. 청동기시대에는 농업이 본격화 되고 농업생산력이 늘어나면서 사유재산이 발생하고 계급이 생겨나게 되었으며 고대국가의 성립으로 이어져 최초의 고대국가인 고조선이 건국되었다. 증보문헌비고(增補文獻備考)의 기록에 보면 단군이 나라를 세우면서 생활에 편리하도록 백성들에게 모발을 땋아 묶는 법을 가르쳤다고 되어 있다. 또한 해동역사(海東歷史)에는 '삼한의 부인은 머리를 얹고 남은 머리를 늘어뜨리며, 여자는 말아서 뒤로 드리운다' 라는 기록으로 보아 고조선의 여성들이 모발을 다듬고 손질하여 아래로 땋아 늘였던 모발을 삼한 시대에는 목덜미 위로 얹거나 정수리부분에 그대로 틀어 올려 편리한 생활을 하기 위한 헤어스타일로 점차 발전한 것을 알 수 있다.

삼한시대에는 미혼과 기혼의 구별법으로 부인들은 모발을 정수리에 틀어 얹은 후 남은 모발은 뒤로 늘어뜨린 반발(盤髮)형을 하였고 결혼을 하지 않은 미가녀들은 땋아서 내린 변발수후(辨髮垂後)를 하였다. 또한 괴두노계(魁頭露- )형태인 날상투로 모발을 두정부에 모아 세우고, 남은 모발 끝으로 세운 부분을 묶은 형을 하였다. 압록강 중류를 중심으로 일어난 고구려는 많은 승려들이 중국이나 일본에서 이름을 떨쳤고 대표적인 미술 유산으로 고분벽화를 들 수 있다.

수발(청동기에 새겨진 여인상)

속발(청동제지팡이에새겨진 여인상)

## 2) 고구려

고구려시대에는 사회기강을 바로 잡으면서 통치를 하기 위해 형벌을 엄격하게 하였으며, 사회적으로 높은 지위를 갖고 있는 귀족들은 지위를 세습하였다. 백성들은 자영 농민으로서 국가에 조세를 바쳤으며 병역의 의무를 다하였다. 지배층의 혼인 풍습으로는 형이 죽으면 동생이 형수를 부인으로 하는 형사취수제(兄死娶嫂制)가 있었으며 이러한 사회상을 담고 있는 벽화에는 고구려 사람들이 입었던 옷과 문양, 헤어 스타일 등이 상세하게 그려져 있다.

진파리 1호분에는 미혼 남, 녀가 총각이라 하여 모발을 두 갈래로 갈라 머리 위 양쪽으로 묶은 형태를 하고 있고, 각저총과 무용총에는 성인 남녀들이 정수리에 높이 상투를 틀고 있는 것을 볼 수 있다. 이 시대의 남자들은 일반적으로 절풍을 착용하였으며 사인 계급은 절풍에 2개의 조우를 꽂아 신분을 표시하고 귀인들은 자주색 비단을 많이 사용하였다. 조우관은 변상모에 수식을 하여 책형을 하고 새의 깃을 꽂았으며, 금, 은 등으로 장식을 한 것을 볼 때 고구려인의 야망과 패기가 넘쳐흐르는 것을 짐작케 한다.

진파리1호분

각저총

무용총

고구려의 안악 고분 벽화에 군주집권자가 출행을 할 때 행렬하는 모습에서 다양한 헤어스타일을 볼 수 있다. 무용총 주실 우벽에 밥상을 든 여성의 헤어스타일을 보면 모발을 땋아서 후두부에서 전두부 쪽으로 그대로 틀어서 감아 올린 얹은머리를 한 것을 볼 때 기혼여성들은 주로 얹은머리와 쪽진머리를 하였고 편리한 생활을 하기 위해 모발을 낮게 묶은 뒤 다시 반으로 꺾어 두발 끝이 위로 향하도록 묶어주거나 단발형으로 간편하게 묶은 중발머리를 하고 있는 것을 볼 수 있다. 집안현 각저총 주실 벽면의 여인도에서는 쪽진머리는 모발을 후두부에 낮게 트는 양식으로 북계식의 기혼여성의 헤어스타일을 볼 수 있다.

덕흥리 고분에는 머리 좌우에 2개 이상의 모발을 묶은 쌍계를 하여 장년과 노년을 가리지 않았고 모발 숱이 많은 사람들과 신분이 낮은 사람들이 하였던 헤어스타일이 있으며 이러한 고분벽화에 나타난 여인의 헤어스타일로 고구려시대 여성들의 미적인 표현과 생활상을 짐작 할 수 있다.

안악3호분의 고계

얹은머리 무용총

푼기명 머리 삼실총

쌍계 덕흥리 고분

## 3) 백 제

쌍환계(고란사 벽화)

백제는 옛부터 기온이 따뜻하고 온화하며 평야가 많고 생활의 여유가 있어 풍류를 즐기는 국민의식과 생활의식으로 예술적 감각이 풍부하였다. 백제는 불교를 학문적으로, 사상적으로 예술적으로 발전시켰고 그 영향은 신라와 일본에 까지 전하였으며 사찰의 건물을 장식하는 종교미술인 불교회화가 발전하였다.

낙화암의 고란사 법당에 그려져 있는 그림을 보면 모발을 땋거나 둥그렇게 환을 만들어 구슬로 장식한 헤어스타일인 쌍환계를 하고 있어, 이 벽화로 백제의 헤어스타일을 유추 해 볼 수 있다.

중국문헌인 북사열전에 여성은 모발을 땋아 뒤로 늘이되 출가하면 두 갈래로 나누어 머리위에 얹는다고 기록되어 있는 것으로 보아 백제의 미혼녀는 길게 늘인 헤어스타일을 아름답다고 생각하였고 기혼녀는 생활에서 편리하도록 땋아서 머리위에 얹은 스타일을 한 것임을 알 수 있다.

고란사 벽화

### 4) 신라시대

신라는 6세기 무렵에 국가의 통치조직을 확대하고 정비하였다. 신라의 골품제는 골(骨)과 품(品)에 따라 신분을 나누었다. 17관등으로 이루어진 체계에서 최고관등까지 승진 할 수 있는 것은 진골 출신뿐이었다. 평민계급과 지배계급과의 차별화를 두기 위해 남자는 모자나 관을 착용하였고 여자는 헤어스타일에 즐(櫛)과 채(釵)를 사용함으로 신분에 차등을 두었으며 금, 은, 진주 등을 소재로 다양한 머리꽂이를 만들어 사용하였다.

### 5) 통일신라시대

신라의 삼국통일은 한반도의 남쪽을 차지하였고 영토와 인구가 세 배정도 늘어났다. 통일이전에 사용하던 불교식 왕명 대신 태종 무열왕과 같은 유교식 왕명을 사용하고 유교정치이념을 내세웠다. 귀족들은 막대한 토지와 부를 가진 지주이면서 권력을 휘두르는 지배층으로 특권을 마음껏 누리며 지나치게 사치스러운 생활을 하였으며 이 시대에는 불교와 유교가 지배적 사상으로 자리 잡아 갔다. 이 사상들은 봉건사회의 신분적 불평등과 빈부의 차이를 합리화하고 지배질서를 유지하는데 뒷받침 해주었다. 불교는 차별이 없는 불성(佛性)의 세계를 내세워 백성들에게 신라사회에 존재하는 경제적, 신분적 차별과 불평등을 감추고 신라를 불국토로 믿고 내세를 염원하게 하였다. 그 대가로 불교 사원은 국가와 귀족들로부터 방대한 토지와 재물, 노비 등을 기부 받았고 백성들을 동원하여 대규모의 절, 탑, 불상 등을 곳곳에 조성하였다.

잠화사녀도

통일 신라 사회가 안정되면서 과학기술과 문화가 발전하여 높은 수준을 자랑하였다. 특히 건축과 조각이 발전 하였는데 견고함과 균형미를 자랑하는 이 시대의 건축기술의 바탕에는 입체기하학과 방정식의 지식이 다양하고 자유롭게 구사되어 있어 높은 과학수준을 보여준다. 또 많은 건축과 공예품, 미술품들은 불교에 대한 깊은 신앙을 바탕으로 하고 있으며 불국사, 해인사, 석굴암의 장엄한 불상, 다보탑과 석가탑, 에밀레종 등과 같은 빼어난 불교문화를 꽃피웠다. 이시대의 남성들은 상투를 틀때 모발 양이 너무 많아서 큰 상투가 되고 그로인해 관모를 쓰기에 불편하여 모발을 잘라 팔고 흑건을 썼으며, 자른 모발은 가체를 만들었다. 여성은 모발을 길러서 땋은 다음 머리에 두르고 비단이나 구슬로 장식을 하고 가체를 사용하여 높은 얹은머리를 하였다. 가야 지역에서 출토된 통일신라시대의 장식 빗은 크기가 넓이 10cm와 9.8cm의 두 개가 있다. 이 시대에 모발을 정돈하기 위해 정발용으로 사용하였으나 점차 장식이 화려해지면서 장식하는 용도로도 이용되었다.

장원의 도련도

## 6) 고려시대

고려는 북진정책을 내세워 거란과 여진에 대하여 강경한 입장을 고수하고 송과는 우호관계를 맺었다. 결국 거란의 침략을 받았으나 그것을 물리친 뒤 1세기 동안은 귀족문화의 전성기를 맞이하게 되었으며 불교는 국교로 숭앙되어 사회와 문화에 큰 영향력을 끼쳤다. 또 관료를 선발하는 과거제가 시행되고 유교 정치이념에 의한 통치가 강조되어 유학과 한문학이 학문적으로 발전하였다. 고려는 정치·사회적으로는 중국의 오대 즉, 송, 요, 금, 원, 명의 영향을 받았으며 삼국시대의 추계가 통일신라시대까지 내려왔다고 송나라 서긍이 쓴 고려도경에 전해지고 있다. 이 시대의 헤어스타일은 말에서 떨어졌을 때의 모습과 같은 추마계를 하였으며, 경남 밀양에서 발견된 고려시대 고분벽화에 있는 아환계는 중간 가르마를 타고 양쪽 귀 밑으로 둥글게 환을 지어 양쪽 귀밑으로 내린 형과 하나의 환을 머리 위에 올리고 양쪽 귀 밑으로 둥글게 환을 지은 형, 양쪽 귀 밑으로 둥글게 환을 지은 다음 머리 위에 연꽃 장식을 한 형, 꽃 대신 모자를 쓴 형이 있다. 즉, 환을 지었을 때 가운데가 비어있지 않은 아계와 가운데가 비어 있는 환계로 나눌 수 있다.

추마계 한희재야연도

원나라 시대의 묘에서 발견된 벽화에 있는 여성들 중에 한국의 치마, 저고리를 입고 양쪽으로 나누어 묶은 헤어스타일을 하고 있는 것을 볼 수 있으며 원나라 여성들이 본받아 하게 된 쌍수계이다. 이렇듯 고려시대 여성의 헤어스타일을 원의 여성들이 따라하게

고려불화

개체변발 공민왕

되었으나 남성들은 원의 영향을 받아 임금과 신하들은 몽골의 헤어스타일인 개체변발 즉, 머리의 두정부 주변을 깎고 정수리 부분만 남겨 놓아 땋아 늘이는 몽골풍습의 헤어스타일을 하였다. 이러한 미의식은 사회적인 상황과 생활의 필요에 의해서 생긴 자연적인 현상으로 시대의 변화에 따라 용모를 아름답게 가꾸고 모발을 손질함으로서 다양한 헤어스타일을 하였다.

아환계 밀양고분벽화

## 7) 조선시대

조선왕조는 숭유정책과 함께 경국대전의 법적 체계를 완성하기 위해 가부장적 윤리 사상을 중심으로 삼강오륜에 따른 행실이나 충효, 가례를 통해 군주에 대한 맹목적 충성과 가부장 제도의 요체를 마련케 했었다. 성종대에 완성·반포된 경국대전은 전형적인 문치주의를 표방하고자 백성을 중인화 또는 서민화시킨 반면 예술인을 법적으로 천민화 하여 신분의 차별을 정착시켰다.

조선시대의 신분은 양반과 평민이라는 이중구조와 함께 헤어스타일 또한 구분되었으며 이때 반가의 규수들은 귀밑머리로 귀를 가렸으나 서민들은 귀를 가리지 않았다. 여기다 혼인 전날 관례에서 변발수후모양의 모발을 후두부에 둥글게 틀어 환을 지어 비녀를 꽂음으로써 쪽진(낭자)머리형을 하였다. 이때 신부의 모발을 틀어 후두 목덜미중앙에 얹어주는 수모(首母)의 손을 복수(福手)라 하였으며 이 수모는 신부의 친구나 친척 중에서 신중을 기하여 선택하는 것이 당시의 풍속으로서 오늘날 미용사의 전신이 되기도 한다. 즉 헤어스타일로 보았을 때 땋아서 늘어뜨렸는지 아니면 쪽진 낭자를 지었느냐에 따라 미혼과 기혼을 구분 지었다.

### (1) 쪽머리

쪽진 머리는 삼국시대부터 있었던 헤어스타일로 고구려 각저총과 무용총 주실의 여인상에서 찾을 수 있다. 백제의 『주서』에 '집에 있는 자는 뇌후에서 둥글게 묶어 그 끝 다발 하나를 아래로 내려 장식하였고 결혼한자는 나누어 두 가닥을 내렸다'고 하였으며, 신라 『동경지』에 '여자는 뇌후에서 모발을 묶었는데 북계라고 하는 것으로 지금도 그러하다'라고 한 것을 보면 삼국에서 일반적인 형태였던 것임을 알 수 있다. 이 헤어스타일은 고려시대를 거쳐 조선시대까지 이어졌다.

쪽을 찐 헤어스타일을 북계, 후계, 낭자머리라고도 하며 쪽은 결혼한 여자가 모발을 가지런히 빗어 후두부에 모아 땋은 후 목덜미 중앙에 둥글게 지어 비녀를 꽂은 헤어스타일이며 이마 가운데 가리마를 타고 땋은 다음 후두부에 한데 모아 검정끈(댕기)이나 자주댕기로 묶었으며 상(喪)시에는 흰색댕기로 묶었다.

꾸민 족두리

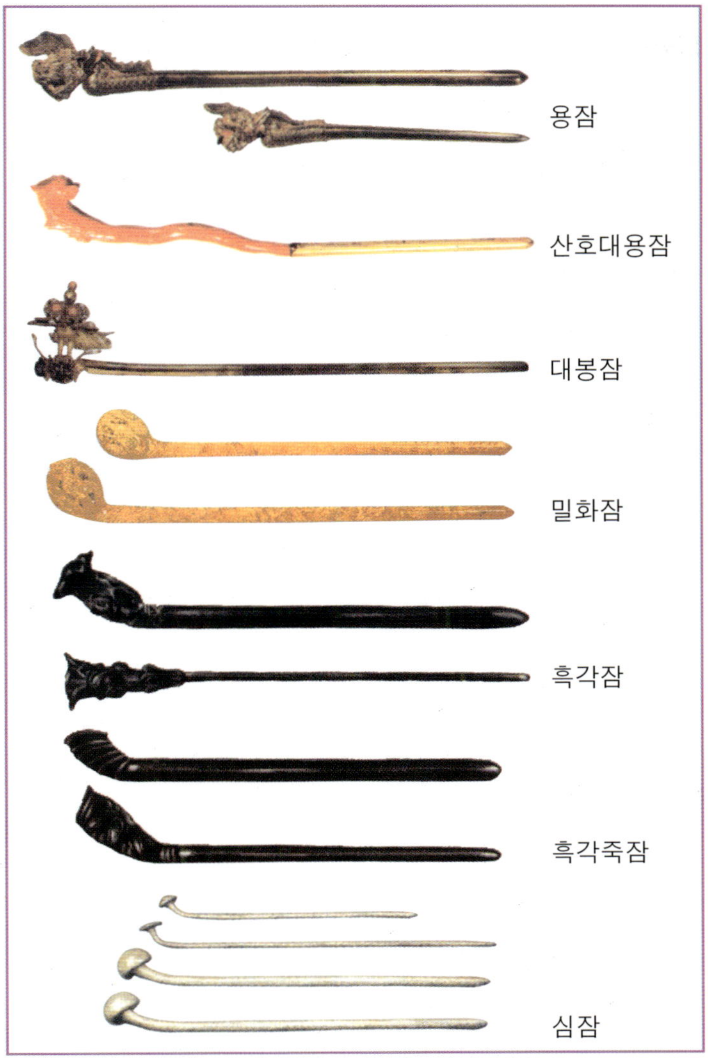


비 녀

쪽머리

고전쪽머리

### (2) 새앙머리

고려에서 이조말기까지 유행한 새앙머리는 궁중 여인들과 서민의 헤어스타일은 조금 다르다. 궁녀의 새앙머리형은 모발을 후두부에서 묶은 후 두 갈래로 나누어 땋고 다리를 이용하여 한 쌍을 각각 땋아 가지런하게 묶고 다발 중간에 매개댕기로 본래의 모발과 함께 매었으며 댕기의 색깔로서 계급을 나타내었다. 일반 규수도 내인으로 들어가면 궁중 제도에 맞춰 새앙머리를 해야 했다. 궁중 아기나인의 헤어스타일로서 양반가에서 정초나 동지에 규수들이 입궐 할 때 새앙머리를 하고 떨잠이나 봉, 나비 등이 조각된 뒤꽂이와 댕기 코에는 석웅황(石雄黃)으로 장식하였다.

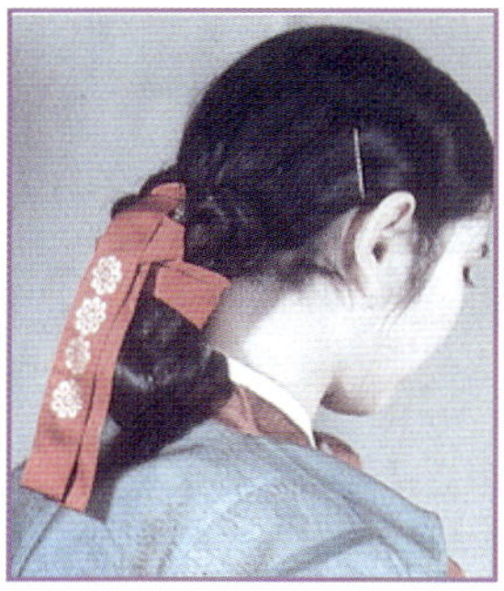

새앙머리

떨잠

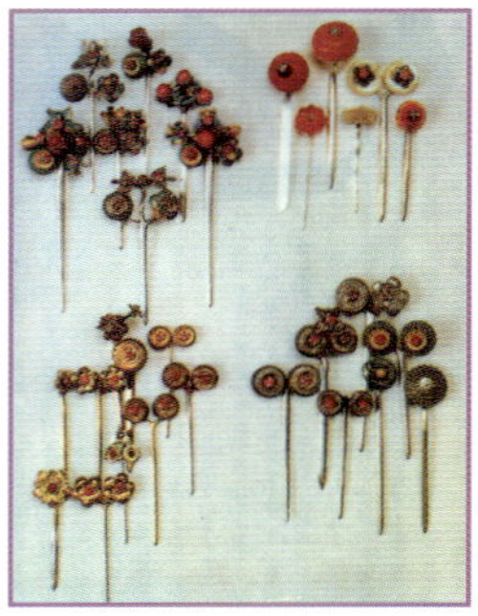

뒤꽂이

### (3) 어여머리

이 헤어스타일은 명나라 제도로 의식이나 혼인에 사용하던 부녀자의 수식으로 금, 옥, 진주 등을 사용한 화려한 것이었다. 어유미라고 하는 어여머리는 왕실이나 양반 집에서 의식 때 대례복에 병용하며 예장 할 때 머리에 솜 족두리나 어염족두리를 쓰고 그 위에 2줄로 돌린 큰 다리로서 만들어진 어여가체를 머리둘레에 돌려 얹어 화잠으로 장식하였다.

이 어여머리는 거대한 머리형에 버금가는 예장용으로 궁중에서나 왕가 부녀들과 지밀상궁의 헤어스타일이었다. 어여머리의 가체는 또야머리에다 다리 일곱 꼭지를 한데 묶어 두 갈래로 틀은 가체로서 어염 족두리 위에 얹고 그 위에 가체로 된 얹은머리를 둘러 얹어 큰 머리를 만든 후 옥판과 화잠으로 장식하고 비녀와 매개 댕기로 고정시켰다.

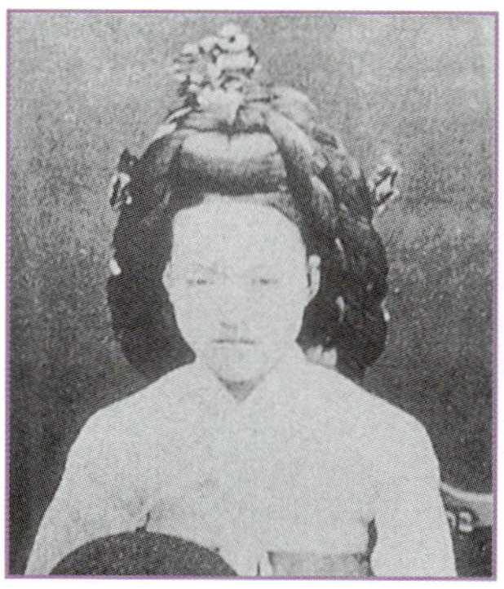

어여머리

### (4) 대수머리

대수머리는 궁중에서 대례를 행할 때 갖추는 가체로 제작된 다리형태의 하나로서 주로 왕비의 대례복 차림에 행한 것으로 조선말에는 붉은 대례복을 입을 때 착용하였다. 이는 모발을 어깨 높이까지 곱게 빗어 내려진 양끝에 봉이 조각된 비녀가 꽂혔고, 뒤쪽은 모발을 두 갈래로 땋아 자주색 댕기를 늘이고 앞부분인 전두부에 떨잠과 봉 비녀로 장식하였다. 앞에서 보면 머리정상은 고계를 만들고 그 밑으로 좌우 어깨까지 내려오면서 가체로 만들어진 다리가 펼쳐진다.

뒷부분도 앞과 같으나 중간에 종적으로 모발을 땋고 그 위에 댕기를 묶고 있는 궁중 의식용의 큰 가체인 대수머리형이 있다. 이러한 헤어스타일은 명조(1368~1662)때 특히 왕비나 공주, 옹주가 두정부와 전두부 중심 또는 양옆에 떨잠을 꽂아 호화롭게 수식을 하였다.

대수머리

### (5) 얹은머리

얹은머리의 풍속은 부녀의 발제개혁이 단행된 영·정조 이후 크게 줄어 본인의 모발을 얹어 모양을 내었다. 성종 대에 이르러서는 고계의 높이가 사방1척이나 되었고, 이러한 경향은 연산군 시대를 지나 뒤이어 밀어닥친 1592년 임진왜란(선조25년), 1636년 병자호란(인조14년)을 겪으면서 더욱 사치스러워 졌다.

여인들은 질 좋은 다리로 땋은 잘 만들어진 가체를 틀어서 머리를 감싸듯이 얹은 헤어스타일이며 가체의 사용이 일반화되지 않아 가체를 구하기 힘들어 의례나 명절 때에만 가체를 이용하였다. 가체의 수급은 죄수들로부터 또는 북쪽지방의 남자의 모발을 이용하였으며 긴 모발을 선호하여 쌀뜨물로 머리를 감으면 모발이 빨리 자란다는 세시풍속을 성행시키기도 하였다. 이 시대에는 여성에게도 품계가 주어졌는데 외명부의 품계는 남편의 관직에 따라 부인에게 주어졌으며 내명부는 왕비를 제외한 궁궐여인들에게 주어졌다. 가체는 원래 내명부와 외명부가 궁중 연회에 참석할 때와 왕비, 왕대비 등에게 문안드릴 때 반드시 갖추어야 하는 신분표식의 헤어스타일이었으나 궁 밖의 양반 부녀자는 물론 상민의 부녀자마저 가체를 사용하였다. 특히 신부는 가체를 미처 준비하지 못해 혼인을 수년씩 늦추었으며 장신구도 밀화, 석황, 금, 진주 등을 사용함으로서 사치 풍조는 사회적인 병폐를 유발시켰다.

얹은머리(신윤복의 미인도)　　　가 체

이러한 얹은머리는 5가지유형의 헤어스타일이 있다. 첫 번째 유형으로는 후두부에서 한 가닥으로 묶은 후 두 갈래로 땋아 가닥을 엇갈리게 함으로써 오른쪽가닥의 한 갈래는 왼쪽 귀 뒤편으로 대고 나머지 한 갈래인 왼쪽가닥은 오른쪽 귀 뒤편으로 올려 앞이마에서 맺는다.

두 번째는 후두부에 묶은 후 후두부 중앙부에서 약간 왼쪽으로 기울여 위로 올린 다음 이마의 중앙 가리마 쪽에서 또아리 모양으로 둥글게 틀고 그 밑으로 두 개의 모 다발을 모아 왼쪽으로 내리고 땋은 머리 한 가닥으로 크고 둥글게 만들어 검정이나 자주색의 길이 45~50cm, 폭 3~4cm의 댕기를 드렸다.

세 번째 유형은 반가 부녀들의 헤어스타일로 숱이 적은 다리를 사용하여 장식한 것으로서 사대부 부녀의 얹은머리와 비슷하나 왼쪽으로 귀를 덮는 환이 없는 얹은머리 유형이었다.

네 번째 유형은 일반 부녀들의 얹은머리는 다리를 사용하지 않고 본인의 모발을 후두부에 묶은 후 두 갈래로 나누어 약간 꼬아서 뒤에서 앞으로 돌린 다음 앞 가리마에서 맺은 머리모양 이다.

다섯 번째 유형은 본인의 모발을 한 갈래 또는 두 갈래로 땋아 빨간 댕기를 하고 머리둘레를 한 바퀴 돌려남은 모발과 댕기를 옆으로 고정시키는 부녀자의 헤어스타일인 코머리이다. 이 헤어스타일은 얹은머리의 일종으로서 이조시대 지방 관청에 소속되었던 우두머리 기녀들이 앞머리에 첩지를 달고 옆선에 붉은 긴 선으로 묶어 신분 표현하기도 하였다.

### (6) 떠구지머리

어여머리 위에 장식된 떠구지머리는 어여머리에다 일곱 꼭지의 다리를 모양낸 나무재질로 된 떠구지를 후두부의 돌출부위로 세워 올림으로써 거대한 헤어스타일이 된다. 대수머리는 떠구지 헤어스타일에다 후두부 쪽에 후광을 두르듯이 땋은 모발로서 어깨선까지 펼쳐지는 모양으로 지탱하기 위해 봉이 조각된 비녀로 고정시킨 헤어스타일이다. 품계에 따라 머리에 얹은 모양 또한 달라 양반 부녀자들은 질 좋은 다리를 사용하여 크고 보기 좋게 얹고 끝에는 빨간 댕기를 매었으며 賤人들은 땋거나 빗질하지 않고 풀어헤친 풀머리로 초라하게 얹었다. 영조 25(1750)년 가체의 사회적 폐단을 막고자 군신들과 더불어 부녀의 헤어스타일에 대해 논란이 시작되었다.

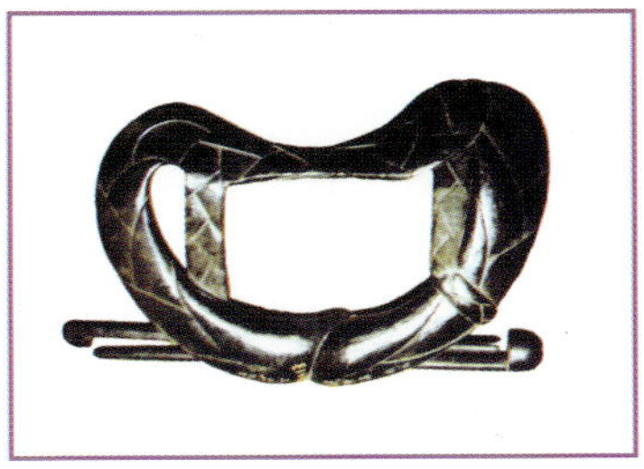

떠구지

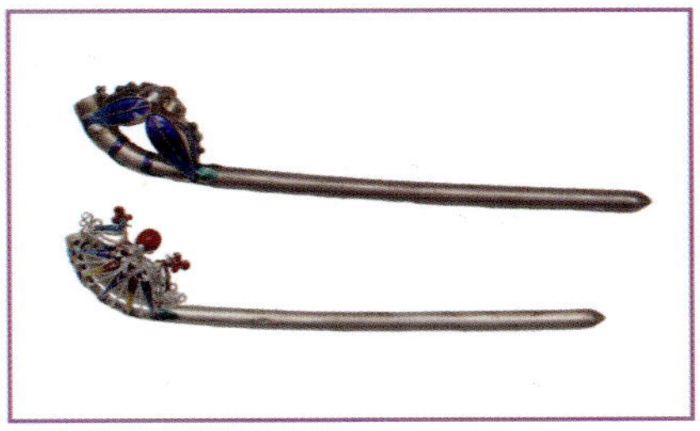

봉비녀

떠구지머리

### (7) 첩지머리

첩지머리

첩지머리는 머리장식에 쓰이는 첩지를 얹은 여자의 헤어스타일로 계급의 표식이기도 하였다. 조선시대 왕비를 비롯한 내·외명부가 치장을 하기 위하여 장신구의 하나인 첩지를 사용하였으며 장식문양과 형태, 재료에 따라 신분을 나타내기도 하였다. 왕비는 도금으로 만든 봉첩지나 용첩지를 매었고 정경부인은 도금 개구리 첩지를, 상궁은 개구리 첩지를 사용했으며, 정부인은 두미(頭眉)만을 도금한 개구리 첩지를, 부모상이나 남편 상을 입었을 때 흑각 개구리 첩지를 맸다. 나이 어린 내인이 15세 되면 궁 안에서 신랑 없이 간단한 관례식을 치르고 그 날로부터 모발을 땋아서 쪽을 짓고 첩지를 매었다. 그 외의 경우에는 거의 은 개구리 첩지로 통용되었다.

첩지머리는 첩지 좌우에 다리를 이용한 긴 모발을 부착시킴으로서 고정 끈이 되면서 모발에 고정됨은 매개댕기 대용의 모발로 만들었기 때문이다. 첩지를 가리마 가운데에 두고 양쪽으로 본인의 모발과 함께 땋아 후두부에서 한 다발로 함께 묶어 쪽을 지었다. 궁중 여인들은 항상 첩지를 부착하고 일반 여인들은 예장시에만 사용했다. 예장 때 화관이나 족두리가 흘러내리지 않도록 고정시키는 역할과 함께 궁중에서는 평시에도 첩지머리를 하고 있었으며 침실에 들 때만 풀어놓았다.

첩 지

봉첩지

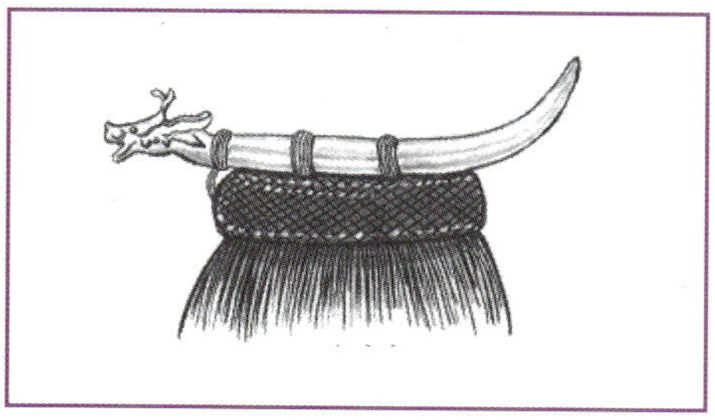

용첩지

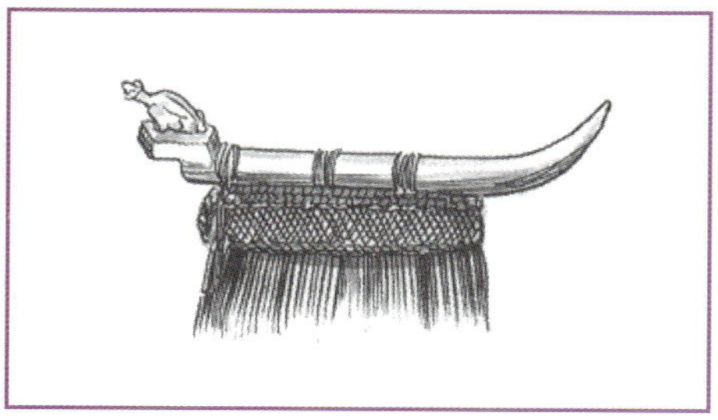

개구리첩지

### (8) 트레머리

트레머리는 얹은머리에 가체를 사용하여 높고 풍성하게 올려진 헤어스타일로 고계와 비슷하다. 이규경의 오주연문장성산고에 '조선조 중엽 정조 신해 이전 까지는 큰 다래머리가 있었는데 이것을 흔히 가발이라 하였고, 제 머리와 합쳐 땋지 않았으며 긴 다리를 땋아 머리를 한 번 두를 만큼 만들어서 비녀를 꽂았다.'는 기록으로 보아 본 머리에 다래를 크고 탐스럽게 만들어서 머리에 얹고 댕기로 장식하여 아름답고 화려하게 표현한 헤어스타일이라는 것을 알 수 있다.

족두리

화관

### (9) 조짐머리

조짐머리는 다리 10꼭지로 틀어서 만든 가체로서 쪽을 지어 또야머리 모양에 전두부 가리마에 첩지를 올려 첩지 끈과 연결시킨 조짐다리가 쪽찐머리에 얹어 연결되어있다. 이는 반가부녀의 헤어스타일로서 종친이나 양반집의 부녀자들이 문안 차 입궐할 때 첩지와 더불어 쪽을 지었으며 젊은이는 크게 하고 노인들은 작게 하여 첩지를 사용하였다. 지밀상궁들은 아침저녁으로 근무자를 달리 하였으며 아침에 침전에 올라갈 때는 어여머리에 족두리를 쓰고, 저녁근무일 때는 조짐머리를 하였다. 이 헤어스타일은 정조 때 가체금지령에 따른 발제개혁 이후 얹은머리 대신 쪽진 머리를 하게 함으로써 쪽을 돋보이게 하기 위한 헤어스타일이다.

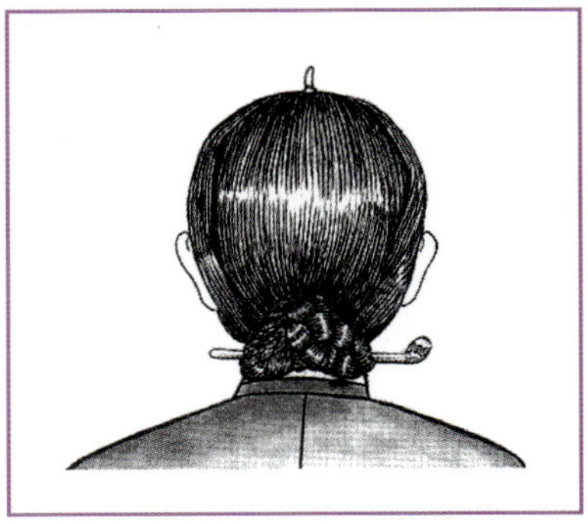

조짐머리

## 7) 근 대

19세기 후반, 세계 곳곳에서 식민지 쟁탈을 벌이던 서구 제국주의의 손길은 차츰 아시아 극동에까지 미치기 시작하였다. 중국, 일본 등 주변 나라들이 강제로 개항을 하게 됨으로 인해 조선도 외세의 침략 위기를 극복함과 동시에 안으로 봉건체제의 모순을 타파하는 자주적 근대화의 길을 모색해야만 하였으며 개화운동, 농민항쟁 등을 하게 되었다.

1894년 농민전쟁이 좌절된 뒤 제국주의 열강이 본격적으로 침략하기 시작하여 1904년 러일전쟁에서 승리한 일제는 영국, 미국 등과 맺은 제국주의적 군사동맹을 바탕으로 조선의 지배를 인정받아, 1905년 11월 조선의 주권을 빼앗을 을사조약을 강제로 맺었으며 일제의 무단통치와 경제수탈에 민중은 노예와 다름없는 고통스런 생활을 이어가야 하였다.

일본의 탄압이 더욱 심해지면서 차츰 여성들이 생활한복을 입었으며 헤어스타일도 변화되었다. 개화기의 단발령의 영향으로 젊은 여성들이나 직업여성들 사이에서 확산되기 시작하여 일본에서 유학을 하고 돌아온 신여성들의 단발머리 헤어스타일은 여대생들 사이에 널리 퍼졌고 이후 영화문화가 되면서 배우들의 헤어스타일을 선호하게 되어 짧은 스타일과 퍼머 스타일을 한 신여성의 헤어스타일이 계속 유행하였다.

단발머리 스타일

## 8) 현 대

1945년 8월 15일, 우리 민족은 일제의 식민통치에서 벗어났으나 미국과 소련이 남북을 분할 점령하여 우리 스스로의 힘으로 통일된 민족 독립 국가를 건설하는 데 커다란 장애가 되었고 1947년에 열린 제2차 미소공동위원회가 실패로 민족의 분단국가 수립이 더욱 현실화되었다. 김구는 남북연석회의에 참가하여 민족의 분단을 막아보려고 마지막까지 노력하였으나 실패하고 말았다. 결국 통일에 대한 민족적 열망에도 불구하고 민족은 반쪽으로 갈라지고 남·북한에 서로 다른 정부가 수립되었다.

1960년은 자유당의 장기 집권에 의한 독재와 비민주적인 인권 탄압에 항거하여 고등학생부터 대학생, 교수, 지식인들까지 일어난 4.19의거와 이후 5.16군사 혁명으로 등의 사회적인 현상과는 달리 여성들의 헤어스타일은 새롭게 변하여 갔다. 크라운부위를 볼륨을 주어 높은 스타일이 연출을 하기 위해 백콤을 넣거나 헤어 싱을 넣어 그 시대의 유행에 뒤지지 않도록 아름답게 연출하였다. 1980년부터는 다양한 컬러와 굵은 웨이브가 유행을 하기 시작하여 현재는 다양한 대칭과 비대칭적인 업스타일과 물결웨이브가 유행하고 있다.

# 2. 서양의 업스타일 역사

## 1) 고 대

### (1) 이집트(Egypt)

이집트인들은 뜨겁고 건조한 아열대성 기후인 나일강 유역에 많이 거주하였으며 기후에 적응 할 수 있고 직사광선을 피하기 위해 남녀 모두 가발(Wig)이나 머릿수건인 네메스를 사용했다. 가발 재료로는 린넨이나 종려나무 섬유를 사용하였으며 이후 울이나 사람의 모발로 모자처럼 만들어 사용했다. 남자들은 완전히 모발을 밀어내고 사용하였고 여자는 짧게 자른 헤어스타일 위에 사용하였다. 가발은 그물로 된 캡(Cap)으로 머리와 캡 사이에 공간이 있어서 머리의 열이 발산되고 통풍이 되어 오히려 시원한 효과를 주었다. 가발은 검정색이 많고 진한 청색, 황금색으로 물들였다. 여자의 가발은 보통 남자 것 보다 길어서 어깨나 가슴 위까지 닿았고 땋는 방법, 가리마를 내는 위치와 묶는 방법과 장식품 등에 따라 다양한 모양이 있다.

부장품(의자)의 등받이에 표현된 Tutankhamen왕과 왕비

sheath skirt, kalasirism gala skirt

sheath skirt, kalasirism gala skirt

### (2) 그리스(Greece)

일반적으로 모발을 풀어내려 목에서 자유롭게 묶는 형태가 유행하였으나 후기의 그리스인들은 금발을 아름답게 여겼기 때문에 자연적인 모습 그대로에서 미를 표현하고자 하여 모발을 풀어내려 목에서 자유롭게 묶는 형태가 유행하였다. 후기에는 의상이 화려해지면서 머리치장에 관심이 많아졌다. 모발을 깨끗이 하고 컬을 만들거나, 잿물로 모발을 표백한 후 노란 꽃을 으깬 물에 헹구어 황금색으로 착색하고 화려한 의상과 함께 머리장식도 복잡해져 모발을 뒤로 틀어 올려 그물이나 리본, 긴 밴드로 묶거나 머리쓰개를 쓰고 핀을 꽂는 헤어스타일을 하였다.

### (3) 로마(Rome)

로마인은 소박하고 정교하며 아름다운 헤어스타일로 그리스와 유사한 형태에서 시대의 흐름에 따라 다양하게 변화했다. 앞 가리마를 타고 양쪽 모발을 곱슬거리게 늘어뜨리거나 전체적으로 짧게 컬하는 헤어스타일을 하였다. 이후 전두부에 작은 컬로 높게 하고 뒷머리는 땋아서 늘어뜨리거나 위로 둥글게 말아 쌓아 올리고 리본과 진주, 보석 등의 장식품으로 치장하였다.

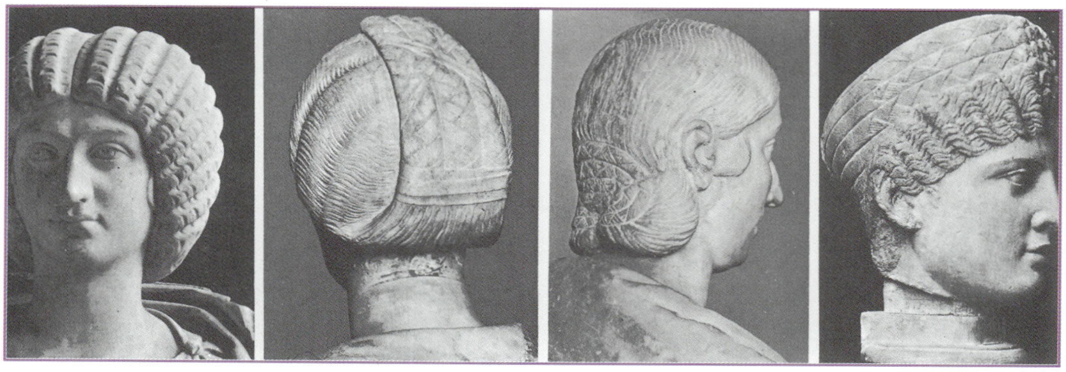

로마시대 여성의 헤어스타일

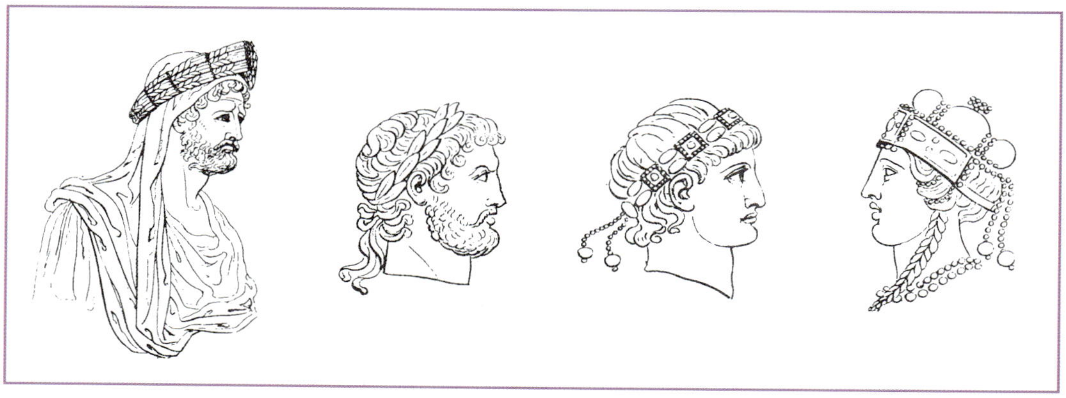

로마시대 남성의 헤어스타일

## 2) 중 세

중세 초기의 여자의 헤어스타일은 남자와 같이 자연 그대로의 모발을 내려뜨리거나 양옆으로 길게 땋아 내리는 형을 하였으며 귀부인들은 황금이나 가는 은, 밴드 등을 머리에 장식하였다. 중기로 들어서면서 상류층 여자들이 코이프(coif)를 착용하기 시작하였다. 이것은 어린아이의 모자와 같이 끈으로 턱에다 묶는 작은 모자이다.

여자들은 앞 가리마를 타고 모발을 두 가닥 또는 세 가닥으로 길게 땋거나, 모발과 리본을 함께 땋아 길게 늘어뜨렸다. 흰색의 베일은 수녀나 미망인, 일반 부녀(婦女)들이 외출시나 종교적 행사 때에만 사용을 하였는데 이를 윔플(wimple)이라 했다.

중세 말기에는 젊은 여자는 모발을 느슨하게 늘어뜨렸으며 기혼 부인은 모발을 전부 위로 올린 후 밴드나 끈으로 묶거나 또는 머리 중앙에서 가르마를 가르고 양쪽으로 땋아 둥글게 환(丸)을 지어 양 귀를 덮고 여기에 도크형의 관을 쓰거나 금, 은, 견사와 보석으로 장식한 그물망(net)을 덮어쓰기도 했다. 여자들은 교회에 들어 갈 때 베일 위에는 관을 써야했으며 그렇지 못할 경우 출입이 금지되었다.

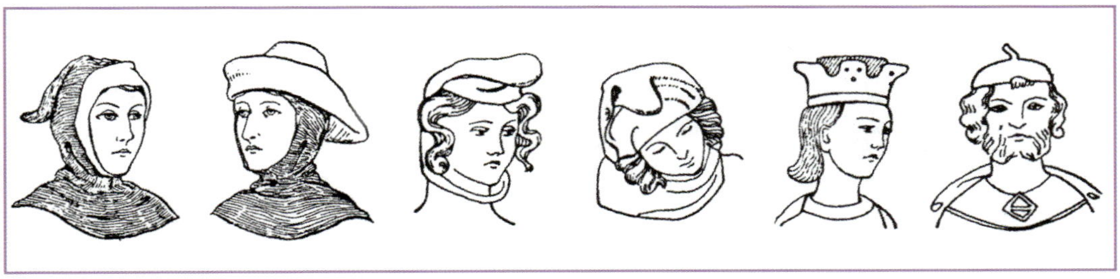

Romanseque 시대의 머리장식

중세의 cotte

중세 말기의 surcot

Gothic 시대 여자들의 머리장식

## 3) 근 세

### (1) 르네상스시대

르네상스시대 여자들의 헤어스타일과 머리장식은 빠르게 변화하였으며 앞이마를 드러내고 머리에 꼭 맞는 모자를 썼다. 모자를 쓰지 않을 경우에는, 양 옆머리에 컬을 형성하고 나머지 모발을 간단하게 뒤로 모아서 장식하기도 했다. 이시기에는 목을 강조한다던지, 얼굴형을 각지게 보이도록 하기 위해 덮는 게이블드 헤드드레스(gabled headdress) 등을 사용하여 신체를 보완하였으며 다양한 색상의 모자와 베일 그리고 장식에 많은 변화가 있었다.

바퀴모양의 거대한 ruff(1585~1590년)

Renaissance시대의 ruff와 머리장식

## (2) 바로크시대

여성들의 헤어스타일은 칼라 둘레의 영향을 많이 받으며 다양하게 변화했다.

17세기 초에 대형 러프나 부채형 모양으로 세운 위스크 칼라가 유행하여 헤어스타일을 높게 하였다. 귀족적인 분위기를 나타내기 위해 가발을 이용하여 헤어싱을 넣고 포마드로 굳혀서 높이 빗어 올린 후에 보석과 진주로 장식된 핀을 꽂았다. 이후 플랫칼라의 등장으로 높은 헤어스타일은 없어지고 자연스러운 컬을 어깨 위로 늘어뜨렸고 더욱 풍성하게 보이도록 머리 위에 리본 또는 새털로 장식을 하기도 하였다.

루이 14세 시대에 들어와서 유행한 귀족적인 의상에 어울리도록 탑 부분을 부풀게 하여 퐁탕주(fontange)라는 우아하고 기교적인 헤어스타일을 하였다.

Baroque 시대의 collar와 머리장식

Baroque 초기의 collar와 머리장식

Baroque Style의 머리장식과 신발

Baroque 시대 2/4분기의 기능적인 여자복식

### (3) 로코코시대

로코코시대의 헤어스타일은 예술적이고 환상적으로 헤어스타일을 연출하기도 했다. 18세기 초까지는 바로크 시대에 유행했던 퐁탕주(fontange)형을 많이 하였으나, 루이 14세 이후에는 모발을 부풀리지 않고 뒤로 빗어 넘긴 낮은 헤어스타일로 조화나 리본, 레이스 캡, 깃털 등의 섬세한 장식을 한 퐁파두르(pompadour)형이 유행하게 되었다. 1760년경이 되면서 여자 헤어스타일이 점차 높아지고 그 위에 장식 등으로 높게 쌓았다. 헤어 디자이너 레오나드 오티에는 마리 앙투아네트의 헤어스타일을 고안하였고, 모든 여자들은 계급에 관계없이 여왕의 헤어스타일을 모방하여 그 크기가 상상을 초월할 정도로 거대한 높이와 장식으로 귀부인들은 약 10일 간, 중류계급의 여인들은 3개월 정도까지 빗지 않고 그대로 두었으므로 악취를 풍기게 되었고 가려움증을 해소하기 위해 머리 긁는 도구로 황금이나 상아로 만든 가늘고 긴 빗을 사용하여 머리를 긁었다.

Rococo 시대의
pompadour hair style
(18세기 전반부)

이 시대의 미용사들은 주로 남자들로서 파리에 학원을 세워 후진 양성을 하였으며 예술가로서의 자부심을 가지고 있었다. 1795년경부터는 궁중의 공식적인 행사에만 높은 헤어스타일을 하였고 간소한 복장으로 헤어스타일 또한 자연스럽게 꾸몄으며 일반인의 헤어스타일이나 모자는 작아졌다.

Marie Antoinette가 입은 robe à la francaise

redingote gown(1745년)

## 4) 근 대

### (1) 나폴레옹1세 시대(1789~1815)

이 시대에 여자들의 대표적인 헤어스타일은 고대풍으로 로마 황제 티투스(Titus)의 헤어스타일처럼 간단한 단발머리를 하였으며, 짧게 자른 모발에 컬을 형성시켜 밴드를 착용하기도 하였다. 중간 가르마를 타고 귀 아래쪽에서 컬을 하여 부풀린 상태의 헤어스타일을 하기도 하였고 앞머리는 자연스럽게 내리고 나머지 머리는 컬을 하여 올리고 리본과 깃털로 장식된 챙이 넓은 모자 착용이 유행 되었다.

Napoleon 1세 시대의 여자 머리장식

Madame Recamier(1805년)

Napoleon의 두 번째 부인 Marie Louise 황후(1812년)

### (2) 왕정복고 시대(1815~1848)

이 시대는 귀족을 연상케 하는 상류사회의 생활 중심이 되었고 귀족적인 화려함과 환상적이고 로맨틱한 분위기를 연출 표현하였다. 여성들은 중간가르마를 타고 양옆으로 컬을 형성하여 귀 위쪽에서 부풀게 한 헤어스타일과 컬을 한 머리의 일부는 두정부 쪽으로 올리고 나머지 모발은 귀 아래로 내려서 챙이 넓은 모자에 꽃, 깃털 등의 장식을 하고 착용하였다. 모자를 착용하는 방법, 옆으로, 또는 뒤로 젖히는 등 멋을 가하여 여성스러운 분위기를 연출하였다.

Romantic Style의
여자 머리장식

Empire Style에서 허리선이 내려 오기
시작한 초기의 Romantic Style(1826년)

### (3) 나폴레옹3세 시대(1848~1870)

나폴레옹3세 시대의 여자들의 여성적인 헤어스타일을 선호하여 앞이마에서 가운데 가르마를 타고 아이론을 사용하여 강한 컬을 형성시킨 모발을 양쪽으로 자연스럽게 늘어뜨렸다. 여기에 바볼레(Bavolet)을 착용하였다. 이 시대에는 염색제와 탈색제를 사용하여 붉은 계열의 갈색모발은 만들고 모발색상, 의복색상과 조화를 이룰 수 있도록 리본, 새의 깃털 등으로 장식한 보닛을 착용하였다. 보닛의 크기는 예전보다 작아 헤어스타일을 볼 수 있게 되었다.

petticoat dress가 보이는
Crinoline dresses(1864년)

cord로 plolnaise시킬 수 있는
Crinoline dress(1867년)

### (4) 19세기말

19세기 말은 버슬스타일과 아르누보 스타일로 컬을 형성시켜 뒤로 늘어뜨리거나 굵게 땋아서 늘어뜨리거나 컬한 모발을 높게 올리거나하여 장식을 하였다. 19세기말 이전까지는 여성들의 사회진출이 필요하지 않았으나 기술적 혁신으로 산업이 발달하고 여성의 필요성이 대두되면서 여성들은 여성의 위치를 나타낼 수 있는 즉, 사회생활을 하기에 편리한 복장과 실용적인 헤어스타일을 하게 되었다.

Bustle Style(1880년대)

아르누보스타일 Art nouveau style(1894년)

## 5) 현대(1900~현재)

1903년에 볼륨있는 굵은 웨이브를 하였고 1906년에 찰스네슬러에 의해서 퍼머넌트 웨이브가 창안되면서 많은 여성들의 환영을 받게 되었다.

1910년대는 여성의 바쁜 사회생활로 짧은 단발머리인 보브 스타일(Bobbed Style)과 아이론으로 컬을 형성시키는 마샬 웨이브(Marcel wave)를 일반적으로 하였다. 이 후 점차적으로 헤어스타일을 작고 간편하게 보이도록 하였고 이는 예전의 무거운 스타일에서 가벼운 스타일로 되기까지 20여년이 걸렸으며 보브 스타일의 경우 1920년대에 본격적으로 붐을 일으켰다.

1930년 이후 짧은 헤어스타일을 멀리 하기 시작하였고 다시 웨이브가 있는 긴 헤어스타일을 하게 되었다. 1936년에는 스피크만(Speakman)이 콜드 퍼머넌트 웨이브(Cold Permanent Wave)를 창안함에 따라 영구적인 웨이브를 할 수 있었다.

1950년대부터 1960년대는 비교적 짧은 머리 스타일인 보브스타일과 비대칭커트가 선을 보였으며, 부피감 있는 헤어 스타일을 위해 탑 쪽으로 올려서 매듭, 시뇽, 폴, 브레이드 등을 응용하였다. 즉, 모발을 땋거나 포니테일로 묶어서 리본으로 장식하고 다양한 기법을 응용하여 창의적인 헤어스타일을 하였다.

1970년 전쟁 후 업스타일은 볼륨감을 주기위해 헤어싱의 사용과 가발의 사용으로 목선이 드러나는 올림머리를 하였다. 2000대에는 비대칭의 컷트와 굵은 웨이브로 내추럴한 이미지를 주었고 현재는 화려하고 다양한 업스타일과 가볍게 할 수 있는 업스타일이 공존하며 각자의 개성에 따라 다양한 헤어스타일을 구사, 표출하고 있으며 아이론과 블로우드라이로 하는 물결 웨이브와 퍼머넌트 웨이브 솔류선으로 할 수 있는 물결퍼머넌트 웨이브가 유행을 하고 있다.

# 업스타일의 디자인 이론

# 업스타일의 디자인 이론

## 1. 디자인 요소

### 1) 형 태

업스타일 디자인에 있어서 형태란 통일(unity), 반복(repetition), 점층(gradation), 대칭(symmetry), 비례(proportion), 리듬(rhythm)등의 디자인 법칙에 모양(shape), 크기(size), 방향(direction)등의 구성요소들을 이용하여 모든 업스타일 디자인에 공통된 기본원리로 다양성의 통일 즉 변화와 통일로 여성스럽고 우아하게 스타일을 변화 시키는 것이며 이러한 구성요소들에 창의성을 가미하여 조형미를 표현하게 된다. 또한 모든 형태에는 점과 점을 연결하여 필연적으로 공간과의 경계에 면(plane)이 생기며, 곧 형이 된다. 즉, 3차원적인 형태란 공간을 차지하고 주요특성인 길이와 양감을 보여주며 보는 각도와 위치에 따라 많은 형(form)을 가지며 크기, 색채를 가지고 있다. 이러한 형의 윤곽이나 면에 질감(texture)과 색채(color)등을 고려하여 아름다움을 표출하기도 한다. 그러므로 우리에게 미를 느끼게 하는 요소는 형과 색, 질감의 조합에 있다고 할 수 있다.

형태디자인은 너비와 길이가 거의 같은 구형과 길이보다 너비가 더 확장된 형태인 편구형, 너비보다 길이가 더 긴 형태인 장구형의 세 가지로 분류된다.

**선의 방향에 따른 형태**

선은 기본적으로 움직임을 나타낸다. 따라서 선의 중요한 특징이 수직, 수평, 대각(사선)선의 방향감이다. 수평선은 고요함이나 정지감을 느끼게 하며 수직선은 상승감과 활동성을 느끼게 하지만 무엇보다도 사선이 더욱더 역동적이며 활동적으로 보인다.

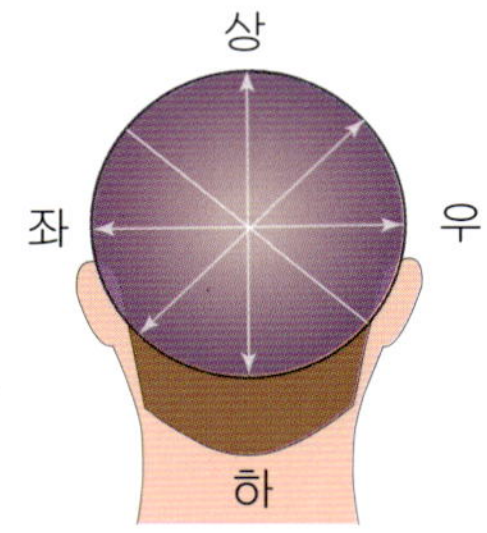


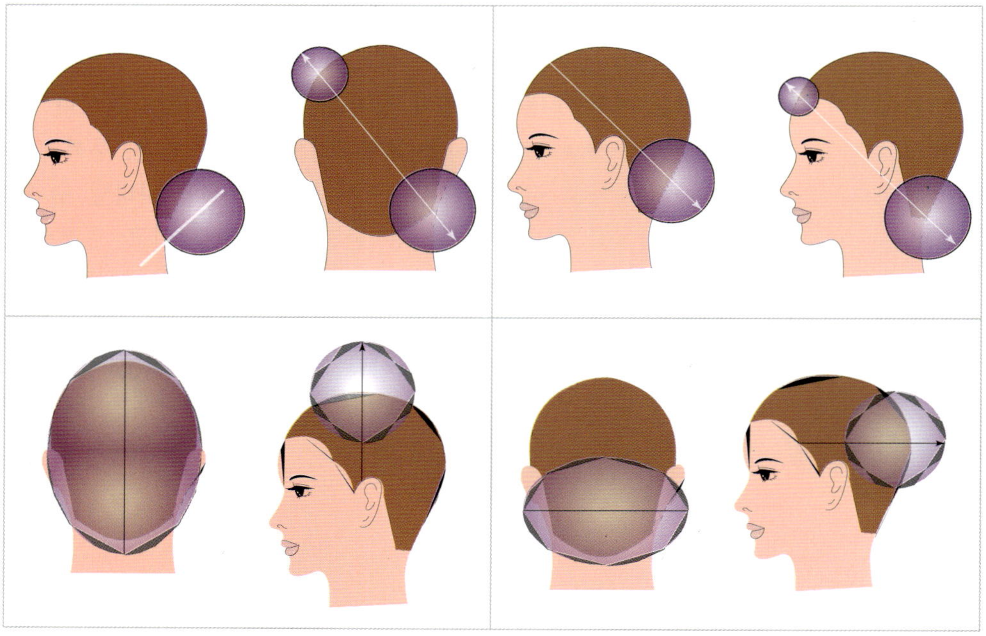

### (3) 면(plane)

면은 길이와 폭은 있고 두께는 없지만 위치와 방향성을 갖는 공간 구성의 기본 요소이다. 선이 본래의 방향을 달리하여 다른 방향으로 이동할 때 면을 이루며, 면은 높이, 길이, 넓이의 표현이며 형을 만드는 조형 요소로서, 선이 꺾이거나 구부러지는 방향에 따라 면의 윤곽에 방향성이 성립이 된다. 즉, 면의 꺾이는 수에 따라 S컬, C컬, J컬 등을 나타낼 수 있다.

다른 요소와 같이 디자인에서의 면은 길이와 넓이, 색, 질감이 나타난다.

### (4) 위치(Position)

어느 위치에 포인트를 부여하는가에 따라 이미지가 달라지며 모양, 크기, 방향성에 따라 얼굴에 나타나는 조화로움 또한 다르다. 포인트의 정착 점에 따라 얼굴형이 보완 될 수 있으며 아름다운 조화미를 연출 할 수 있다.

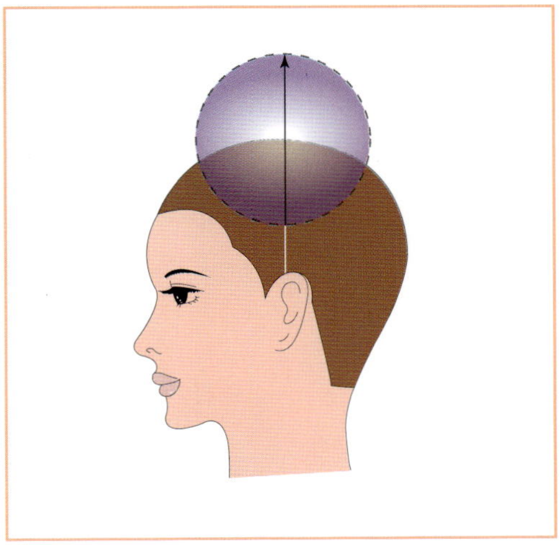

탑에 위치할 경우(Top point)

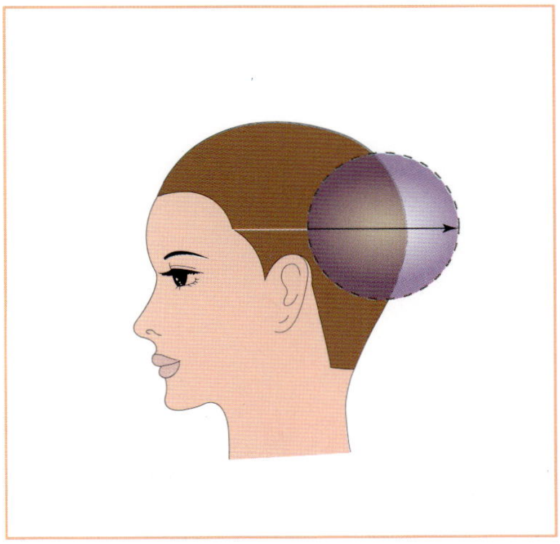

백 포인트에 위치할 경우(Back point)

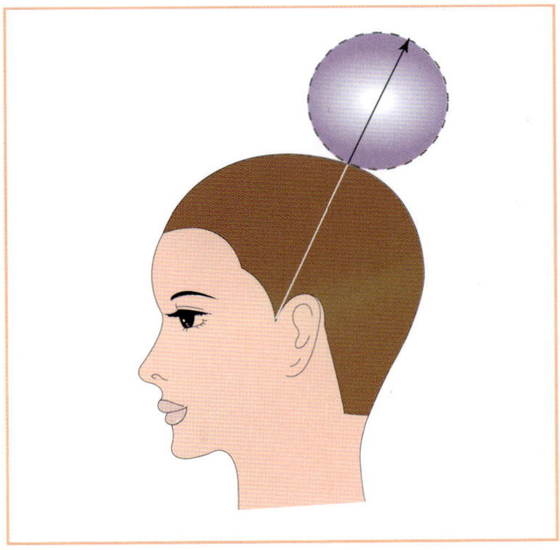

골덴포인트에 위치할 경우(Golden point)

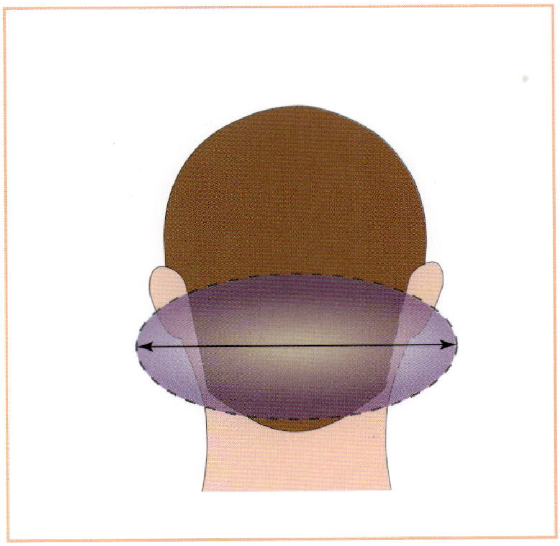

네이프에 위치할 경우(Nape point)

## 2) 질감(Texture)

질감(texture)은 그 물질이 본래 가지고 있는 표면의 재질감을 가리킨다. 질감은 촉각적이며 또 시각적이어서 눈으로 보는 것만으로도 알 수 있지만, 손으로 만졌을 경우 더욱 더 구체적으로 감지할 수 있다. 이러한 기억들로 인해 실제로 우리는 업스타일을 할 경우 직접적으로 만져보지 않아도 우리는 기억적인 감각적 반응으로 촉감을 느낄 수 있다.

이러한 느낌에는 "매끄럽다거나 거칠다 또는 평평하거나 도드라져 있다. 광택이 없거나 있다" 등으로 나타낼 수 있다. 질감은 빛을 흡수하거나 반사하므로, 즉 색채를 말한다.

우리는 색채와 명도만으로도 질감을 느낄 수 있다. 예를 들면 명도가 낮은 검정색의 경우는 밝은 색보다 질감이 좋아 보인다. 그러므로 질감은 형태, 색채와 더불어 중요한 요소가 된다.

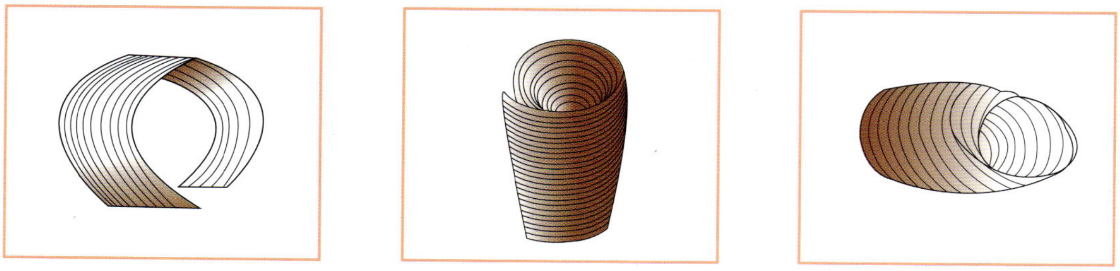

→ 고리(Loops), 말기(Roll), 직모 등

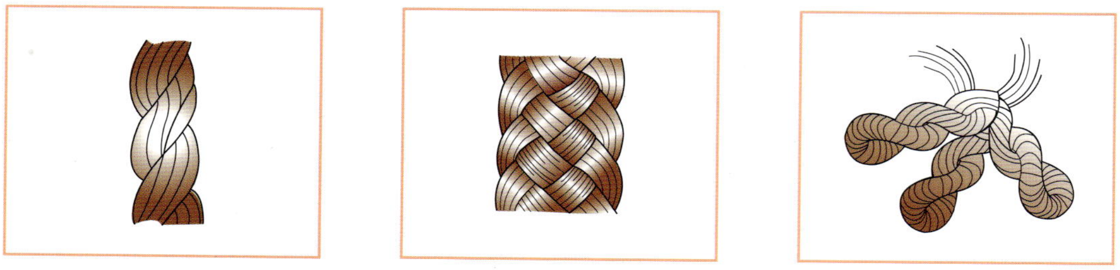

→ 땋기(Braids), 꼬기(Twists), 컬진(Curl) 머리 등

→ 언엑티베이티드 + 엑티베이티드

### 3) 색상(Color)

색(color)은 빛이 변할 때 마다 색채 또한 변하는 빛의 산물이며 인접해 있는 물체의 색상에 따라 달라 보인다. 무지개를 통해 일곱 가지 색을 볼 수 있는 것은 공기 중에 있는 수분의 입자가 분광작용을 일으켜 빛의 스펙트럼을 보여주기 때문이다. 모든 사물은 모든 색상을 포함하고 있는 백색광 가운데 어떤 광선을 반사시켜서 색을 나타낸다. 즉 파란 물체는 파란 광선을 제외하고는 모든 광선을 흡수하여 우리의 눈에 파랑만 반사되어 보이는 것이다.

업스타일에 있어서 색채는 디자인의 요소 중 가장 감각적이고 시각적이며 다른 요소보다 좀 더 생동감 있고 본능적이다. 빛의 파장을 나타내는 색상과 밝고 어두움의 정도를 나타내는 명도, 순수한 정도를 나타내는 채도를 우리는 항상 같이 느낄 수 있다. 즉 색상의 명도에 따라 질감과 깊이감, 면적, 크기에 등을 다르게 느끼게 된다. 그러므로 업스타일은 형과 색의 조화가 필요하다.

## 2. 디자인의 법칙

디자인의 법칙은 디자인의 요소들이 아름다운 업스타일을 하기 위하여 어떠한 방법으로 결합되어야 하는가를 결정하는 하나의 심미적인 연관 법칙 또는 구성계획이라 할 수 있다. 조형의 원리하고도 하며, 이것은 점, 선, 면, 형, 방향, 색채, 질감, 크기 등의 디자인 요소들이 서로 표현될 때 일어나는 아름답고 조화로운 업스타일을 위한 미의 규칙이다.

### 1) 균형(Balance)

균형이란 서로 반대되는 힘의 평형 상태 또는 시각적인 무게감의 동등한 분배를 의미하며 이러한 균형은 업스타일시 안정감을 주게 된다. 또한 시각적인 무게감은 선, 면, 형태, 크기, 방향, 질감, 색채, 명도 등과 같은 디자인 요소들의 배치와 테두리(frame) 등의 관계에 의해서 표현되는 시각적인 안정감을 말한다. 이러한 균형은 대칭(symmetric)과 비대칭(asymmetric)으로 구분할 수 있다.

#### (1) 대칭(symmetric)

대칭은 업스타일의 형태가 대각선으로 또는 수직, 수평으로 균등하게 분할되어 있는 균형을 말한다. 하나 또는 하나 이상의 동일하거나 매우 유사한 요소들이 한 축을 중심으로 서로 반대쪽에 위치하여 시각적인 힘의 평형을 이루는 것이다. 업스타일에 있어 대칭은 일반적으로 표현하는 균형이며, 질서와 안정감, 통일감을 느끼게 한다.

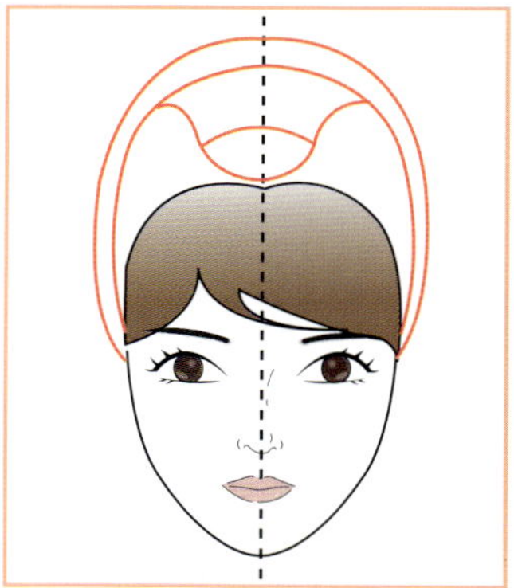

### (2) 비대칭균형(asy-mmetric)

비대칭이란 하나 혹은 둘 이상의 서로 다르거나 대립되는 디자인의 요소들이 축선을 중심으로 반대쪽에서 시각적, 정신적 안정감을 준다. 비대칭은 색상과 모양 질감, 크기 등으로 생동감 있는 형태를 창조하여 균형적인 느낌이 들도록 고려해야한다.

## 2) 진행(Progression)

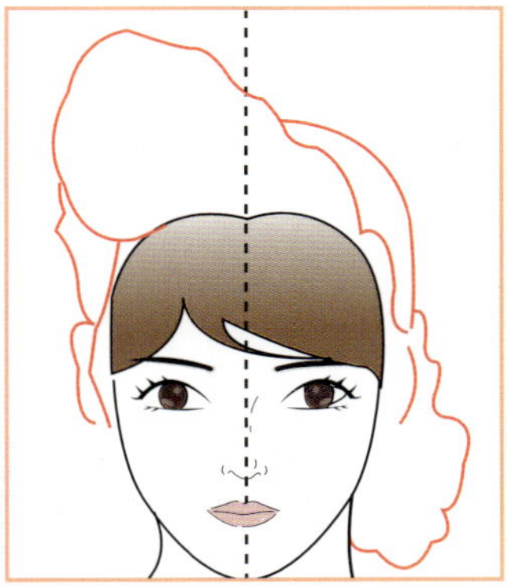

인접된 위치 있는 일련의 연속은 서로 유사하며 조화를 이루고 있다. 점차로 크게 변하거나 점차적으로 작아지거나, 어느 방향으로 점차적으로 변하는지, 색상은 노란색에서 보라색까지 점차적으로 그라데이션(Gradation)되는 것, 즉 형태, 크기, 방향, 색상, 명도 채도, 흐르는 연속, 점차적으로 강한 것, 점차로 약한 것, 운동 등을 내포하고 있기 때문에 업스타일 디자인에 있어서 표현의 수단이다.

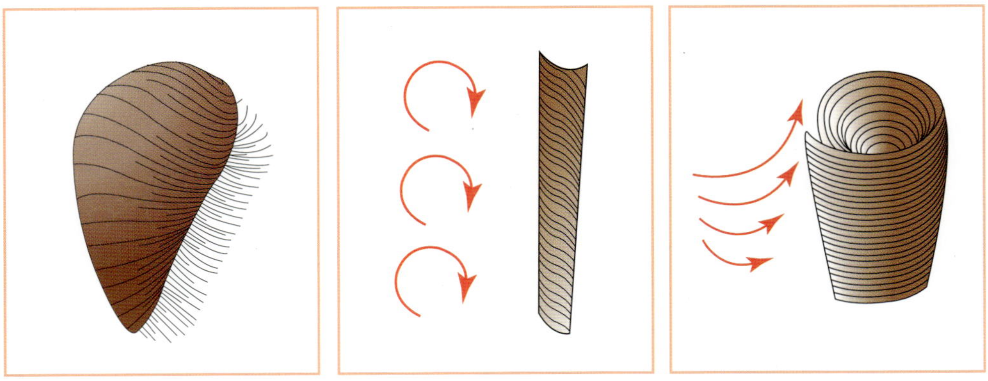

크기의 진행

### 3) 반복(Repetition)

같은 요소 둘 이상이 일정한 간격을 두고 되풀이되는 것을 반복(repetition)이라 한다. 업스타일 디자인에서의 반복은 여러 부분을 연결하기 위해 개별적인 구성요소가 한번 이상 사용될 경우를 반복이라 한다. 같은 형이나 색 등이 균형적으로 반복되었을 때 통일감과 안정감을 느낄 수 있으며, 형과 색이 반복되어 있는 경우와 큰 반복 속에 작은 반복이 있는 경우도 많다. 이러한 반복이 지나치게 많이 경우는 아름다움을 느끼는 정도가 조금 떨어지게 된다. 반복되는 요소로는 형태, 크기, 색채, 질감, 방향, 위치 등이 있다.

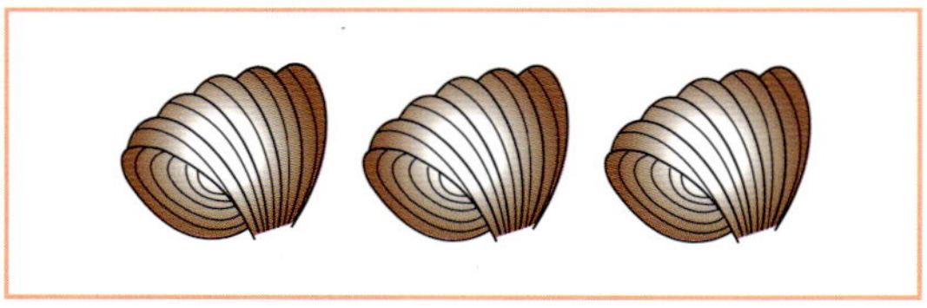

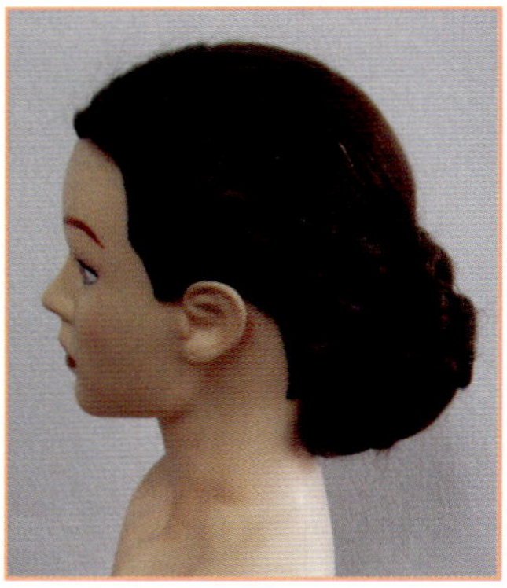

### 4) 강조(Dominance)

업스타일 디자인을 할 경우 특정한 부분을 강하게 강조하여 변화를 주는 원리이며 전체적인 강한 통일감을 나타낼 수 있다. 시각적으로 강조가 부각되어 단점을 저하시키는 강조의 방법으로는 형태, 색채, 명도 등의 강조요소들을 잘 배치하여 업스타일의 시각적 효과를 높일 수 있다. 강조 부분의 크기와 위치의 변화를 주면서 시각의 균형과 움직임에 헤어 디자이너의 예술적 감각이 요구된다.

## 5) 교대(Alternation)

교대는 두 가지 이상의 요소가 주기적 또는 규칙적으로 연속되는 반복을 의미하며 요소들 간의 간격을 고려해야 한다. 교대는 질서와 주기, 간격을 이용하여 표현되어야 하며 색상이나 질감의 반복과 형태의 교차 반복으로 창조적인 업스타일을 할 수 있다.

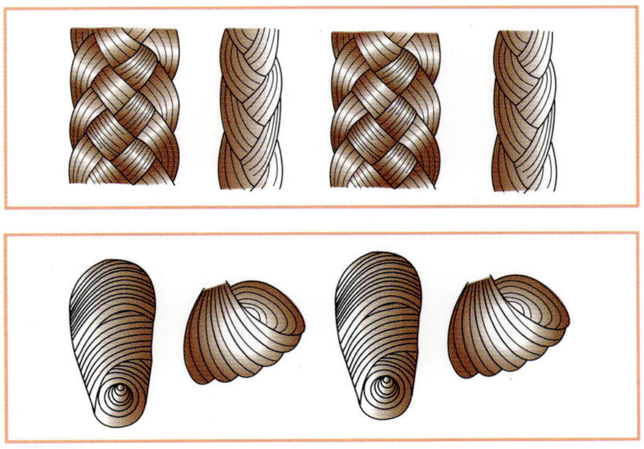

## 6) 대조(Contrast)

대조는 각 요소들 간의 서로 상반되는 차이로 형태, 방향, 크기, 색채, 질감, 위치 등의 시각적 요소들을 대조되게 배치하는 것이다. 대조는 크고 작음과 곡선과 직선, 길고 짧음, 밝고 어두움, 맑고 탁한 색, 질감의 매끄럽고 거칠음, 섬세함과 엉성함, 높고 낮음, 무거움과 가벼움, 움직임과 가라앉음, 강한 것과 약한 것 등으로 대조될 수 있다. 이러한 요소들로 업스타일 디자인의 차별화를 줄 수 있다.

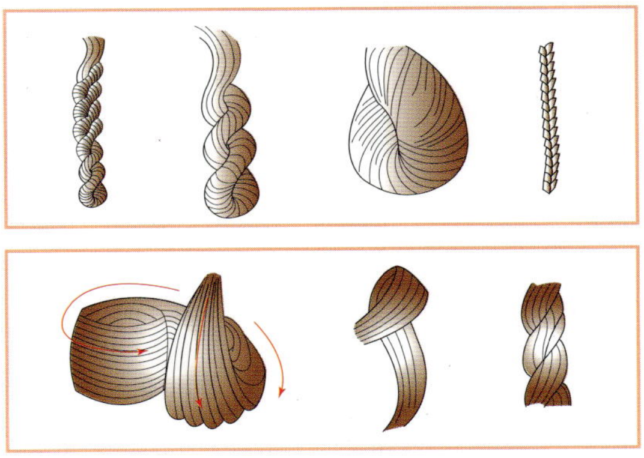

## 7) 조화(Harmony)

조화(harmony)는 형태, 크기, 색채 등과 같은 둘 이상의 특징 있는 요소들의 상호관계에 의해서 생긴다. 또한 서로 비슷한 모양을 이루며, 감각적인 효과를 발휘할 때 일어나는 미적 현상이다. 조화는 전체적으로 다양함과 변화에 대한 통일과 같이 질서를 잡는 역할을 한다. 업스타일에 있어서 조화가 부족한 표현은 다른 요소를 충실하게 했다 해도 통일감이 없는 산만한 느낌을 주게 된다. 그러므로 색과 선, 면과 형이 일정의 디자인 구성 속에서 서로 조화로운 관계를 이룰 때, 그 전체를 아름답다고 할 수 있다.

## 3. 업스타일 디자인의 구성요소

### 1) 땋기(Braid)

땋기는 세 가닥, 5가닥, 7가닥, 9가닥 등 여러 가지 크기와 형태로 할 수 있으며 원하는 업스타일 디자인에 강조 또는 입체적인 효과를 주기 위해서 땋기 기법을 활용한다. 의상과 연령, 장소에 관계없이 다양하게 연출할 수 있는 기법이다.

세 가닥 땋기는 삼각베이스의 섹션을 떠서 세 개의 패널로 나누고 중앙 패널이 겉으로 나오게 한다.

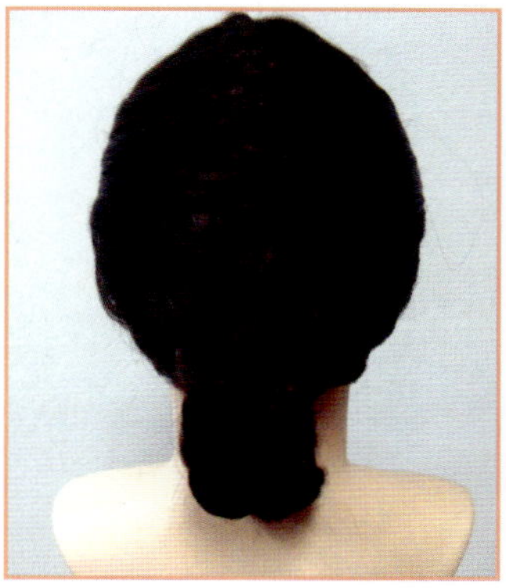

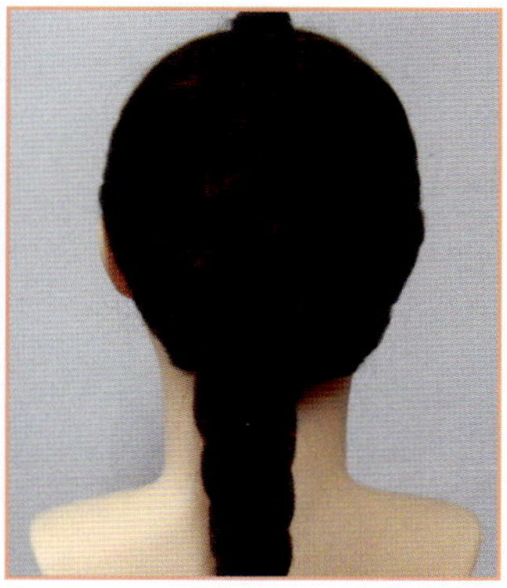

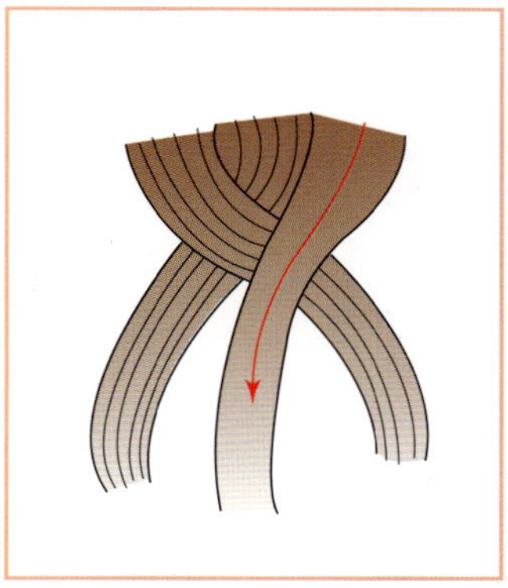

**3가닥 아래로 땋기**

양쪽 패널이 아래로 교차시켜주고 가운데 패널이 겉의 중앙으로 나오게 된다.

**5가닥 아래로 땋기**

5패널 중 가운데 3개의 패널을 먼저 땋고 양쪽 패널들을 아래, 위로 엮으면 넓은 패턴으로 돌출된다.

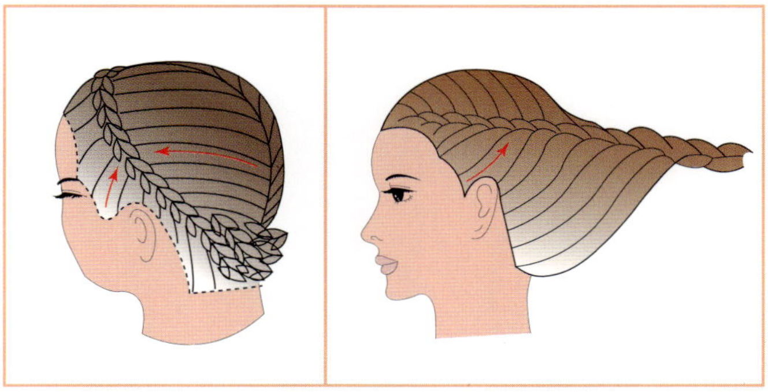

**3가닥 양쪽 잡아 땋기**

가장자리에서 양쪽 잡아 땋기로 V형태를 만든다

## 2) 매듭(Knot)

업스타일 디자인에 맞게, 두상의 연출 하고자 하는 지점에 따라 매듭의 크기를 작게 또는 크게 조절 할 수 있으며, 일정량의 모발을 하나 또는 두 개로 하여 사슬처럼 엮어 묶어주는 기법으로 얼굴형과 헤어스타일에 알맞게 다양하게 연출할 수 있다.

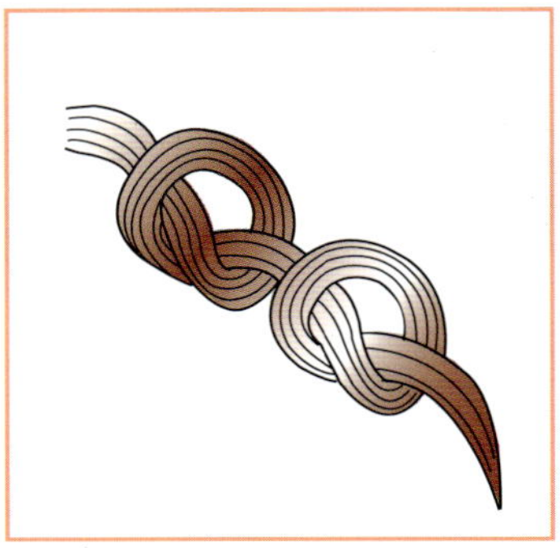

1가닥 매듭
(Single-Strand Knot)
하나의 스트랜드로 원형의 매듭 모양을 만든다.

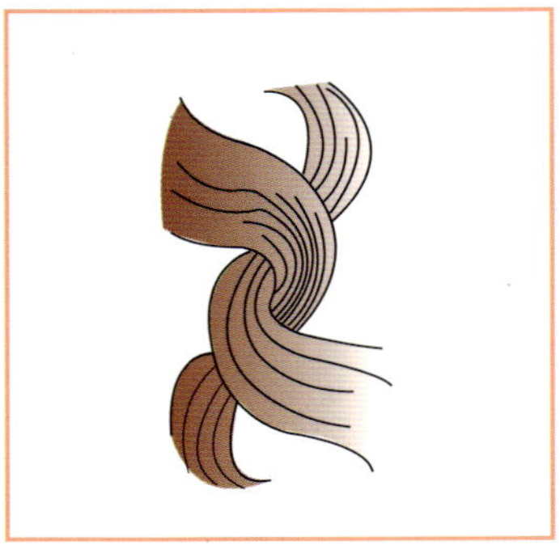

2가닥 매듭(2-Strand Knot)
두개의 스트랜으로 함께 묶어 사슬 모양의 효과를 낸다.

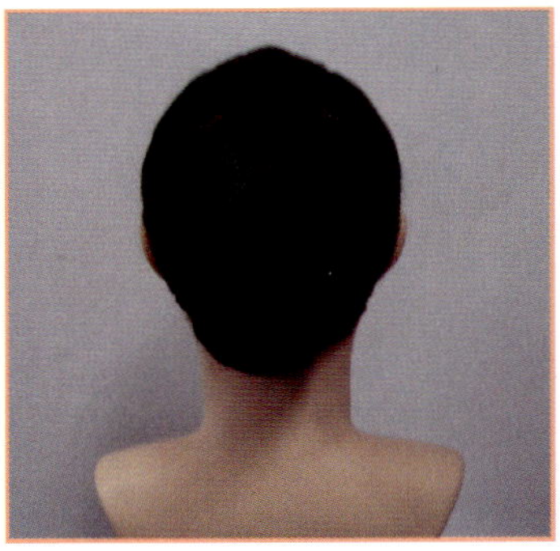

## 3) 꼬기(Twist)

업스타일 디자인을 한 후 디자인에 따라 적당량의 모발을 한 쪽 방향으로 계속 돌리는 기법으로 모량에 따라 크기를 달리 할 수 있으며 길이 또한 조절 할 수 있다. 또한 꼬기의 크기와 텐션에 따라, 고정시키는 위치에 따라 분위기가 달라지며 강조의 기법으로 응용하여도 좋다.

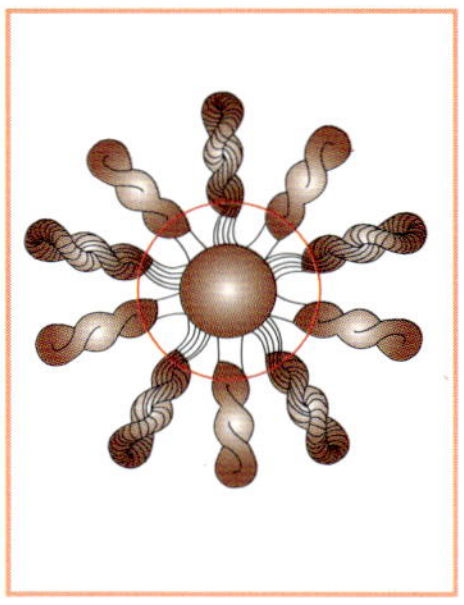

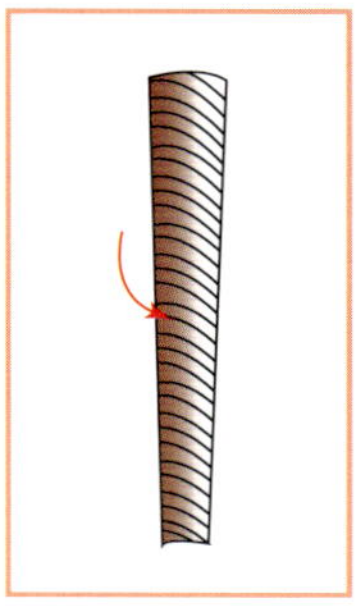

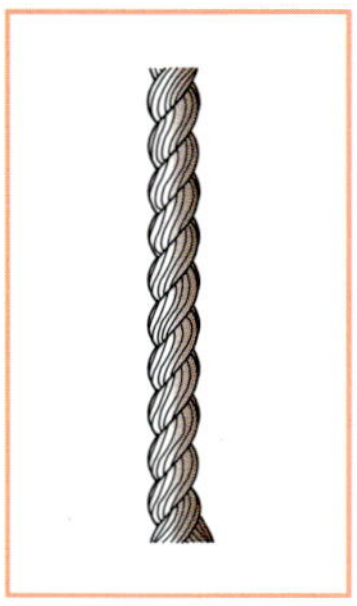

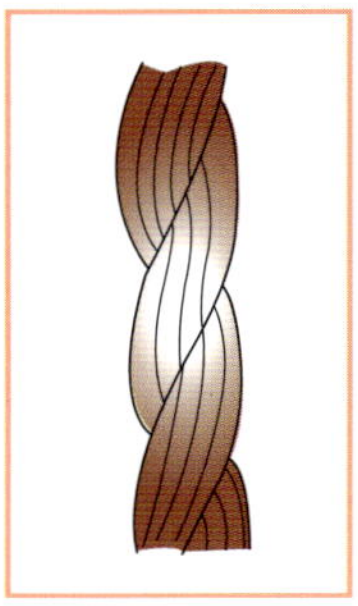

1가닥 꼬기의 응용
1가닥으로 연결해서 꼬아 액세서리를 꽂는다.

## 4) 고리(Loop)

고리모양은 패널을 접거나 구부리거나 동그랗게 환을 지은 후 곡선으로 연결하여 디자인한 위치에 고정시킨다. 고리모양은 연출하고자 하는 디자인에 따라 고리의 수를 조절 할 수 있으며 크기 또한 디자인에 맞게 다양한 크기로 할 수 있다.

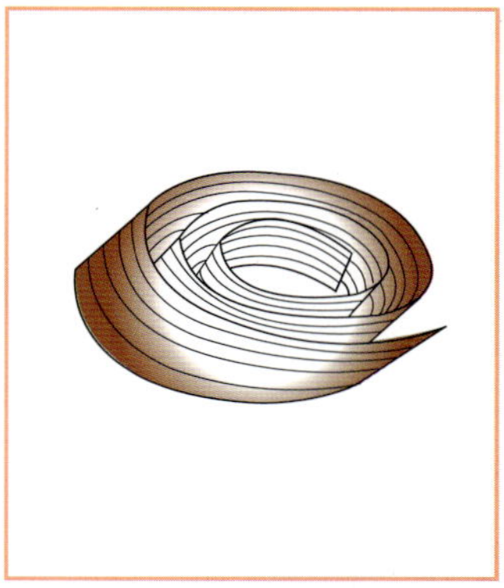

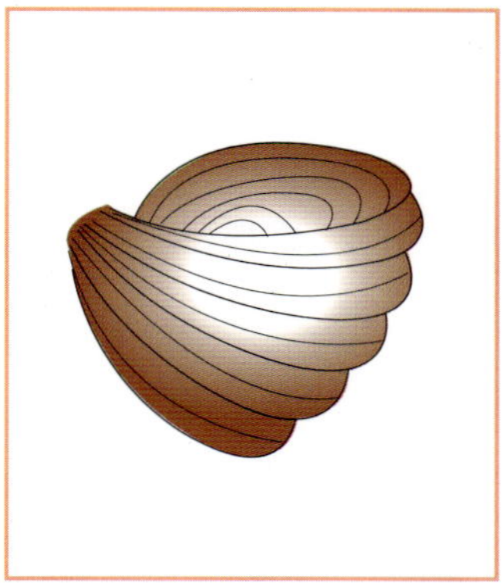

외고리(Single Loops)

## 5) 말기(Roll)

백(back) 부분에 볼륨감 있게 하나의 롤을 만드는 업스타일로 네이프 포인트에서 탑 쪽으로 수직으로 감아서 원통형의 모양을 만드는 소라형 업스타일이 있다. 업스타일의 전체 형태로의 롤 형은 크게 수직형과 수평형으로 들 수 있지만 이외에도 디자인에 따라서 강조 기법으로 사용할 수 있으며 롤의 방향은 시계 방향과 시계 반대 방향 모두 가능하다.

외곽 말기(Contour roll)
네이프라인을 따라서 옆으로 진행한다.

수직 말기(Vertical roll)
네이프에서 수직선을 따라 탑쪽으로 진행한다.

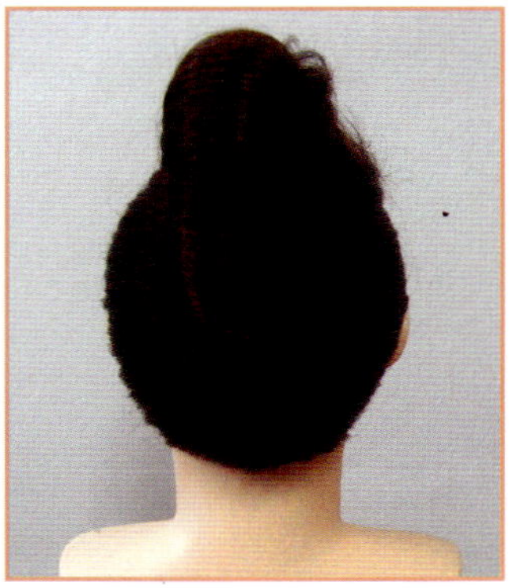

## 6) 겹치기(Ovrelap)

겹치기는 좌, 우 각각의 패널을 서로 반대쪽 가닥 위로 겹치게 하는 기법이다. 위로 겹치기와 아래로 겹치기가 있으며 시술각도에 따라 형의 처짐이 달라짐으로 디자인에 맞는 시술 각으로 하여야 원하는 디자인에 맞는 헤어스타일이 완성된다.

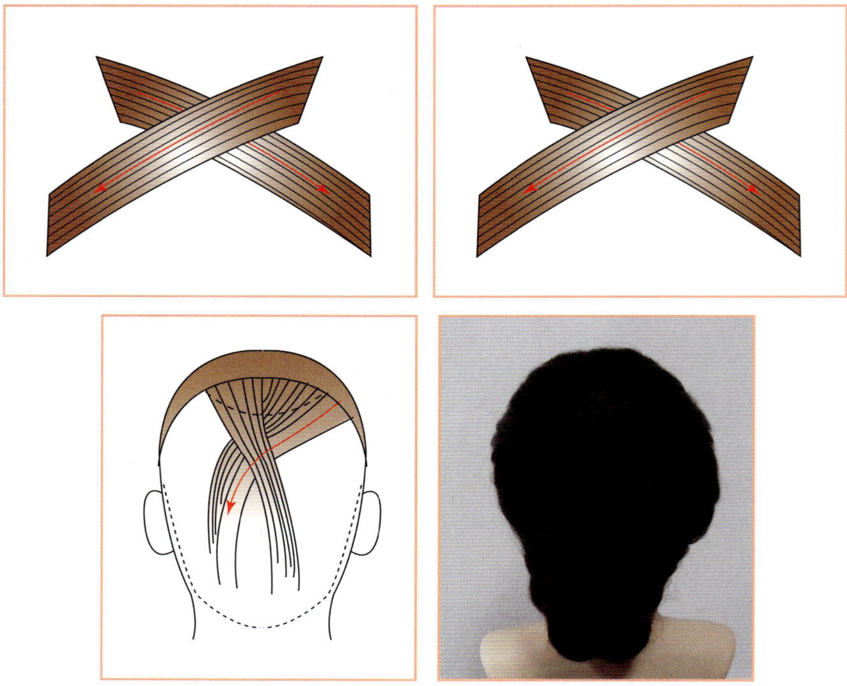

# 4. 업스타일 디자인 결정

업스타일 디자인을 할 경우 고객의 얼굴형과 모발의 길이, 의상, 업스타일을 하는 목적에 따라 창의적으로 구상하여 시술한다. 특히 때와 장소에 따라서 강조해야 할 경우와 그렇지 못할 경우가 있음으로 디자이너는 고객의 상황을 인지하고 고려해야하며 또한 얼굴형에 따라 디자인의 중요함도 인지하여야 한다.

업스타일을 연출 할 경우 달걀형이 모든 얼굴형의 표준형이 된다. 그러므로 달걀형에 가깝도록 업스타일을 하기 위해서 블로우 드라이, 플랫 아이론, 전기 셋팅기를 이용하여 셋팅을 한 후 시술한다. 얼굴 형태로는 일반적으로 달걀형, 사각형, 둥근형, 장방형, 역삼각형, 삼각형, 마름모형 등으로 나누어진다.

## 1) 얼굴형에 따른 디자인

### (1) 달걀형 얼굴

달걀형인 얼굴은 이상적인 표준 얼굴로서 세로가 가로의 약 1.5배이고 턱이 이마보다 약간 좁다. 달걀형을 아름다운 미의 표준으로 하여 업스타일과 얼굴형을 잘 조화시켜 나가도록 한다. 이 얼굴형은 어떠한 위치에 강조를 하여도 무난하다.

### (2) 장방형 얼굴

장방형의 얼굴은 세로 길이에 비해서 가로의 폭이 좁아 턱이 길어 보임으로 날카로운 인상을 줄 수 있다. 이 경우는 탑 부분을 낮게 하고 사이드 부분에 볼륨을 주도록 하는 업스타일의 연출이 효과적이며 프린지에는 웨이브나 컬을 이용하여 뱅 처리를 하여 얼굴이 길어 보이지 않게 하고 헤어 파트는 센터 파트를 피하고 사이드 파트를 하도록 한다.

### (3) 사각형 얼굴

헤어라인이 일직선상으로 똑바르며 턱 선이 모나고 면적이 넓어 얼굴이 커 보임으로 둥근 느낌이 전혀 없는 것이 특징이다.

이마의 모난 부분을 감추도록 윗머리의 모근을 세우고 풍성하게 연출하며 한 쪽 귀를 살짝 가려 부드러운 느낌이 들도록 한다. 또한 옆폭이 좁아 보이도록 모근에 볼륨을 주지 않는 비대칭의 업스타일이 잘 어울린다.

### (4) 삼각형의 얼굴

이마 부분이 좁고 턱이 넓게 보이는 얼굴형으로 헤어 디자인은 이마 부분의 폭이 넓게 보이도록 백콤 처리를 하고, 턱 부분이 어느 정도 좁게 느껴지도록 하는 보완이 필요하다. 그러기 위해서는 옆선을 강조한 웨이브로 강조를 하고 좁은 이마를 감출 수 있는 큰 뱅을 하도록 한다.

### (5) 역삼각형의 얼굴

이마가 넓고 턱 선이 좁아 보이는 것이 특징이므로 프런트부분은 볼륨이 있는 큰 웨이브로 이마를 좁아 보이게 하는 업스타일을 한다.

### (6) 마름모형의 얼굴

양 볼의 뼈가 튀어나와 있어 상하의 폭이 좁은 것이 얼굴형이다. 마름모형의 업스타일은 이마 부분과 턱 부분을 각각 폭넓게 보이도록 하는 것이다. 이마가 넓어 보이게 모근을 세우고 볼륨을 주며 광대뼈 부분의 모발은 볼륨이 없게 한다.

### (7) 원형의 얼굴

전두부의 헤어라인과 턱 선이 눈에 띄게 둥글어 얼굴이 크게 보이는 원형얼굴은 얼굴이 실제보다 길어 보이도록 디자인을 하여야 한다. 그러므로 업스타일을 할 경우 탑 부분에 높고 풍성하게 한다.

## 2) 모발길이에 따른 디자인

### (1) 쇼트헤어

모발의 길이가 짧으므로 피스를 연결하여 얼굴형에 따라 연출 할 수 있으며 피스를 사용하지 않고 할 경우에는 액세서리를 이용하면 업스타일에 용이하다.

### (2) 미듐헤어

헤어싱을 사용하여 풍성한 볼륨을 준 후 피스나 액세서리를 활용할 수 있으며, 묶어지는 모발길이에 부분가발을 달아 롱헤어처럼 연출한 후 이음부분에 장식물을 부착하여 자연스러워 보이게 한다.

쇼트헤어보다 업스타일에 용이한 기장으로 볼륨을 주고자 할 경우 본발에 백콤을 넣어 풍성하게 하기도 하며 여기에 헤어싱을 이용하여 볼륨을 줄 수도 있다. 액세서리를 이용해서 원하는 업스타일을 연출 할 수 있다.

### (3) 롱헤어

모발의 길이가 어떠한 업스타일도 가능하며 땋기, 매듭, 고리, 겹치기, 말기 등의 디자인 구성요소를 이용하여 연출 할 수 있으며 백콤 처리로 볼륨 있는 업스타일과 시니온 스타일을 자유롭게 연출 할 수 있다.

# 4

# 업스타일의 도구 및 사용방법

# 업스타일 도구 및 사용방법

## 1. 도구의 선정

아름다운 업스타일을 완성하기 위해서는 디자인과 테크닉이 좋아야 하겠지만 사용하는 도구 또한 전문적인 도구여야 업스타일을 정확하고 손쉽게 완성시킬 수 있다. 사람마다 모발의 길이가 다르고 모량 또한 다르기 때문에 도구의 적합한 선택이 매우 중요하며 도구의 선택에 따라 깨끗한 질감처리와 방향성을 가진 아름다운 업스타일을 할 수 있다.

### 1) 브러쉬의 종류

#### (1) 덴멘 브러쉬(Denman Brush)

모발에 텐션과 윤기를 부여하고 볼륨감을 형성하면서 헤어디자인라인을 아름답게 표현하고자 할 경우 적합하며 쪽머리와 같은 고전머리를 할 경우에 표면을 매끄럽게 할 수 있다.

#### (2) 롤 브러쉬(Roll Brush)

라운드 형태의 브러쉬로서 업스타일을 위하여 다양한 크기의 컬을 만들고 윤기 있게 할 경우와 업스타일에 웨이브의 방향성을 주고자 할 경우 사용할 수 있다. 펌이 되어 있는 모발을 스트레이트로 펴서 고전머리 스타일을 할 수 있다.

#### (3) 금속성 브러쉬(Metal Brush)

브러쉬 전체가 금속성인 알루미늄으로 되어 있어 열전도가 빠르고 드라이어의 열이 오래 유지되어 시술 시간을 단축시키며 컬이 잘 형성되므로 업스타일을 할 경우 웨이브 연출이 용이하다.

### (4) 돈모 브러쉬(Swine Bristles Brush)

볼륨을 형성시키기 위해 백 코밍(Back combing) 한 모발의 표면을 매끄럽게 하기 위해 사용하며 S 자형과 일자형의 브러시가 있다.

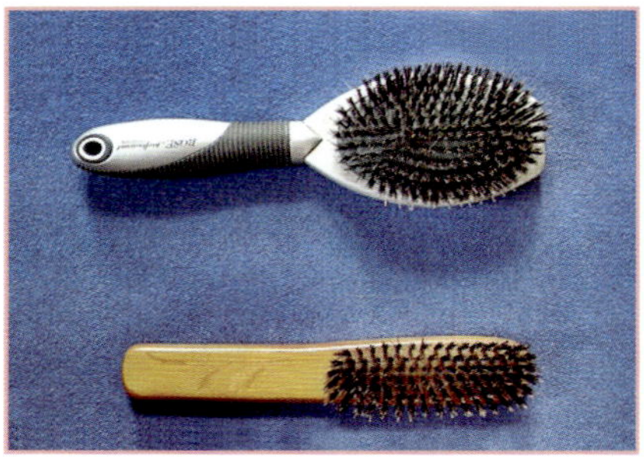

### (5) 쿠션 브러쉬(Cushion Brush)

헤어스타일의 마무리 단계에 사용하는 브러시로 사용하기도 하고 모발을 자연스럽게 방향성을 주고자 할 경우와 모발의 면에 윤기를 부여하고자 할 경우에 사용하는 업스타일용 브러시이다.

## 2) 콤(Comb)

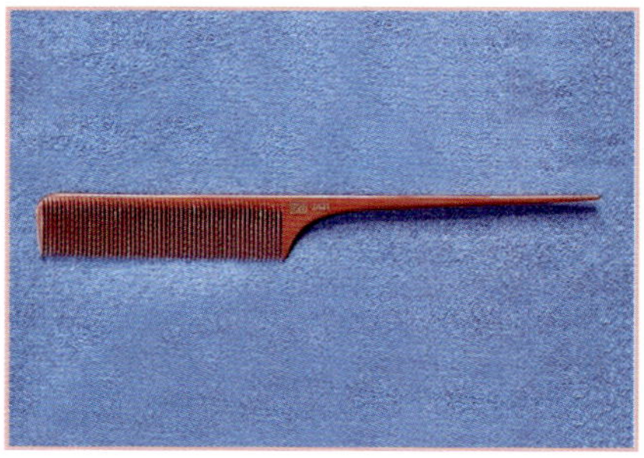

### (1) 덕테일 콤( 꼬리빗, Ducktail comb)

업스타일을 할 경우에 섹션을 떠서 백 콤을 넣어 볼륨을 주고자 할 경우와 매쉬를 정교하게 정리하고, 모발끝의 방향성을 주고자 할 경우 사용한다. 재질로는 나무 재질과 플라스틱 재질로 되어있다.

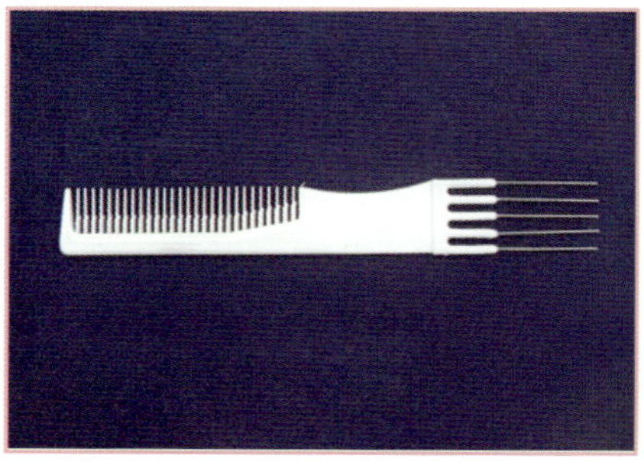

### (2) 스타일링 콤(Styling comb)

헤어스타일을 최종적으로 정리할 때 사용하는 브러시로서, 스타일링을 강조할 부분에 사용하는 브러시이다. 앞머리를 세우거나 볼륨을 주고자 하는 부분에 브러시를 고정한 상태에서 미스트나, 스프레이로 정리한다. 업스타일, 컨슈머 스타일, 헤어바이 나이트등의 스타일에 사용한다.

## 3) 핀 종류

### (1) 보비핀(실핀)

업스타일에 특히 많이 사용하는 핀으로 스타일을 내기 위해 스트랜드를 고정할 때 모발의 면과 면을 정확하고 튼튼하게 고정시키는데 용이하다.

### (2) 스몰핀

보비핀과 같은 모양이지만 크기가 작으며 머리숱이 적은 부분이나 힘이 없는 모발 과다한 볼륨감을 감소시키고자 할 경우에 사용하며 가볍게 모발을 고정시키는데 용이하다.

### (3) 유핀(U핀-대)

많은 양의 모발을 힘 있게 고정시키거나 모 다발 깊숙이 꽂을 수 있으며 싱을 고정하는데 필요하다. 핀 사용 시 모발에서 쉽게 빠지는 것을 방지하기 위해 한쪽을 구부려서 사용할 수 있다.

### (4) 유핀(U핀-중)

업스타일을 마무리 할 경우에 컬과 컬 사이, 뱅과 뱅 사이를 고정하기 위해 사용한다.

### (5) 핀컬핀

어느 한부분에 웨이브를 연출 하고자 할 경우와 섬세하게 모양을 잡고자 할 경우에 흐트러지지 않도록 일시적으로 고정하는데 사용한다.

### (5) 유핀(U핀-소)

업스타일 마무리 단계에서 면의 균열을 방지하거나 뱅과 컬이 면에 고정되어 있지 않을 경우에 사용가능하며 유핀의 대와 중과 같은 용도로 사용할 수 있다. 특히 머리숱이 적은 부분에 벌어진 면을 연결시키거나 면과 면을 자연스럽게 연결시키는데 사용하고, 머리숱이 적은 부분에 사용한다.

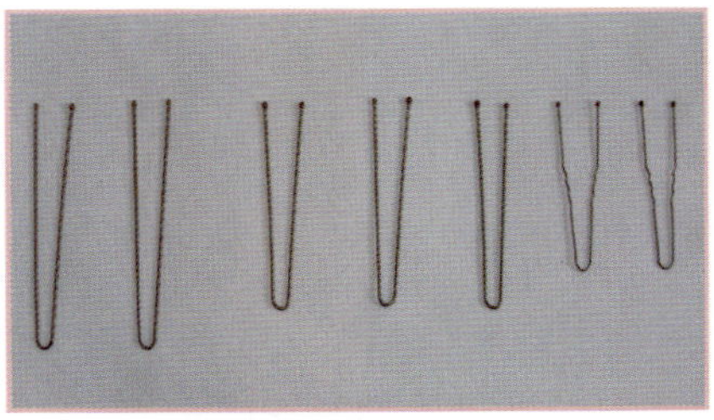

### (6) 털핀

핀의 다리 중간 부분에 파상모양으로 구부러져 있어 마무리 단계에 벌어진 곳들을 연결 고정 시킬 경우 잘 빠지지 않아 고정력이 있다.

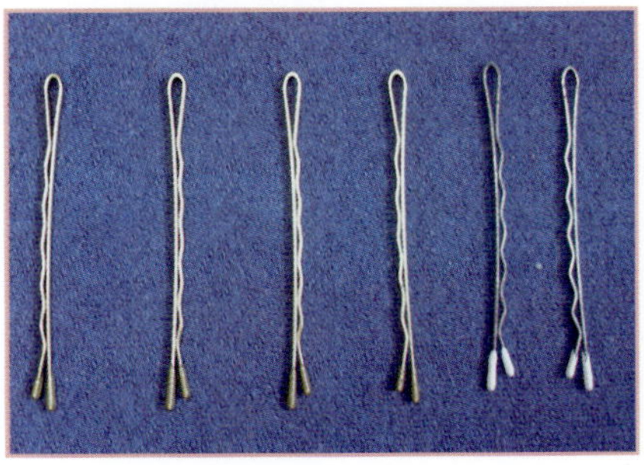

### (8) 플랫핀

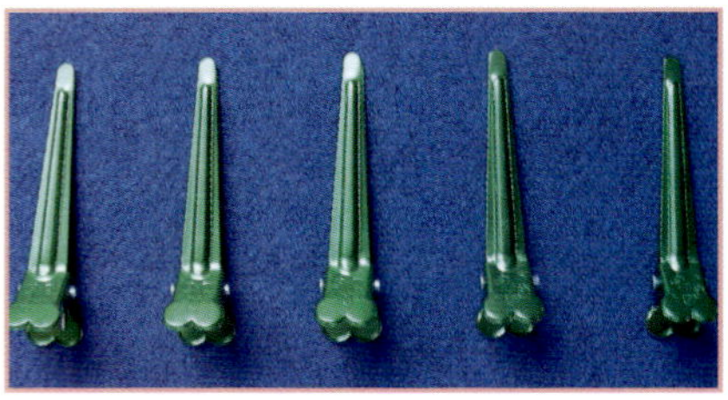

완성 단계에 있는 머리모양이 끝날 때 까지 싱글핀 또는 핀컬핀에 단단한 판넬을 붙여서 핀의 자국이 없이 업스타일을 임시로 고정시킬 때 사용한다.

### (9) 더블핀

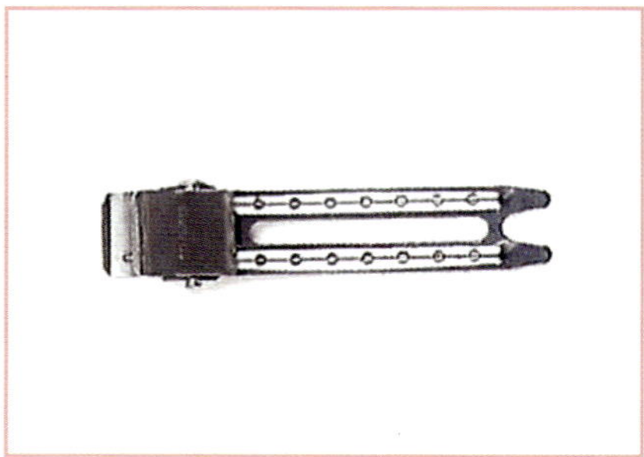

헤어스타일시 일시적으로 형을 만들고자 할 경우 사용하는 핀으로서 귀 뒷부분이나 앞이마 부분과 네이프 부분 등에 사용할 수가 있다.

### (10) 핀셋

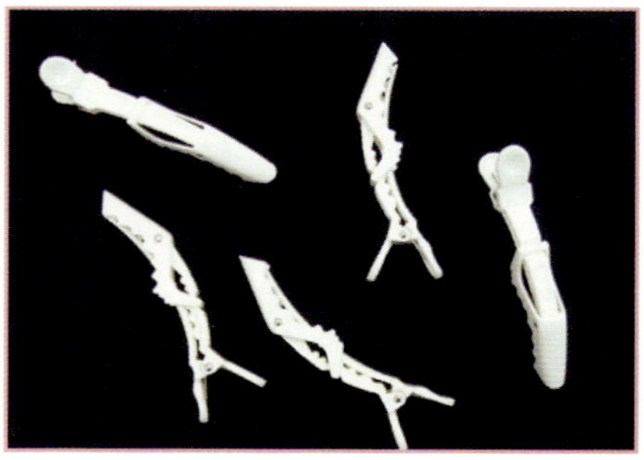

머리 다발이나 어떠한 형을 이룬 스트랜드를 임시 고정할 때 사용한다.

업스타일을 하기 위해 블로킹을 나눈 모발을 고정하기 위해서 사용한다.

### (11) 웨이브클립(Wave Clip)

헤어스타일의 완성 시 프론트나 사이드부분에 웨이브의 릿지를 뚜렷이 하고자 할 경우에 사용한다.

### 4) 헤어싱

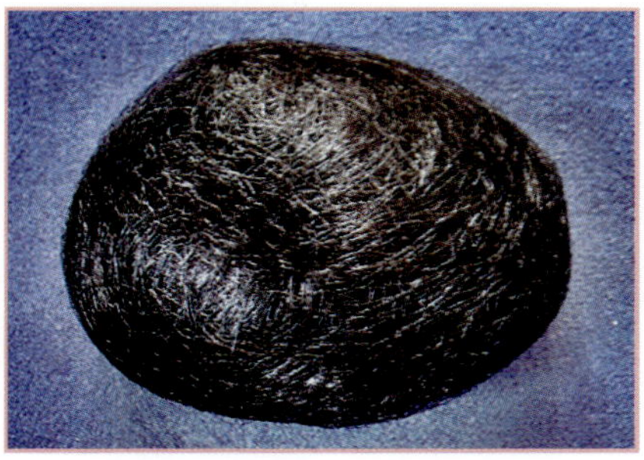

업스타일의 경우 백콤으로 볼륨감 형성이 부족하여 입체감이 없을 경우에 이상적인 업스타일을 하기 위하여 사용하며 또한 두상의 결점을 보완하기 위해 보조머리로 모발색상과 흡사한 색을 선택하여 사용하기도 한다. 장식적인 의미를 부여하기 위해 모발색상과 상이한 색상을 선택하여 사용할 수 있다.

**헤어싱의 사용법**

① 사용할 부위에 알맞은 크기의 헤어싱을 만든다.
② 헤어싱을 사용할 부위의 주변 모발에 백콤을 넣어둔다.
③ 헤어싱을 연결 고정한다.
④ 헤어싱을 연결한 부분의 스타일링 스프레이를 분무하면서 형태를 보정한다.
⑤ 백콤을 넣어 둔 모발로 형태를 조화롭게 보강한다.
⑥ 업스타일을 완성한다.

### 5) 헤어망

업스타일 시술 시 잔머리가 많거나 모발이 뻗치고 모량이 많을 경우에 중량감으로 핀 고정에 어려움이 따르므로 사용할 수 있으며 시뇽(Chignon)이나 컬의 형태를 보정하고 안정감 있게 고정 할 경우에 사용할 수 있다. 특히 완벽한 스타일을 구사할 수 있는 숙련도가 부족할 경우에 모발의 색과 같은 망을 사용하면 매끄럽게 완성할 수 있다.

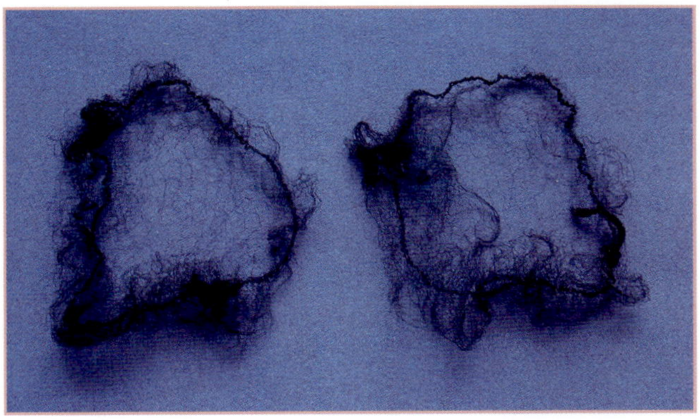

## 6) 부분가발

업스타일 시 모발의 길이에 관계없이 다양한 부분가발을 사용하여 원하는 스타일을 연출할 수 있다.

① 헤어피스(Hair piece) : 하이헤어패션 스타일에 부분적으로 포인트를 주고자 할 때 사용한다.

② 탑 피스(Top piece) : 전두부의 모량이 적어 원하는 웨이브와 볼륨을 형성시키기 못할 경우에 사용하여 만족하는 스타일을 완성할 수 있다.

③ 폴피스(Fall piece) : 짧은 모발을 원하는 스타일로 하기 위해 일시적으로 사용하여 연출하기에 용이하게 한다.

④ 위글렛(Wiglet) : 탑 피스와 같은 용도로 사용이 가능하며 여러개를 동시에 사용할 수 있다.

⑤ 캐스캐이드(Casscade) : 길고 우아하며 볼륨감 있는 헤어스타일을 연출하고자할 때 사용한다.

⑥ 스위치(Switch) : 원하는 헤어스타일에 맞게 꼬거나 땋아서 연출 할 수 있다.

⑦ 줄피스 : 원하는 작품에 맞게 제작하여 원하는 컬러로 그라데이션 하여 우아한 하이헤어패션 스타일을 연출 할 수 있다.

# 5

# 업스타일의 기초실기

# 업스타일의 기초실기

## 1. 업스타일의 기초 기법

### 1) 오리지널 롤러 컬 (Original roller curl)

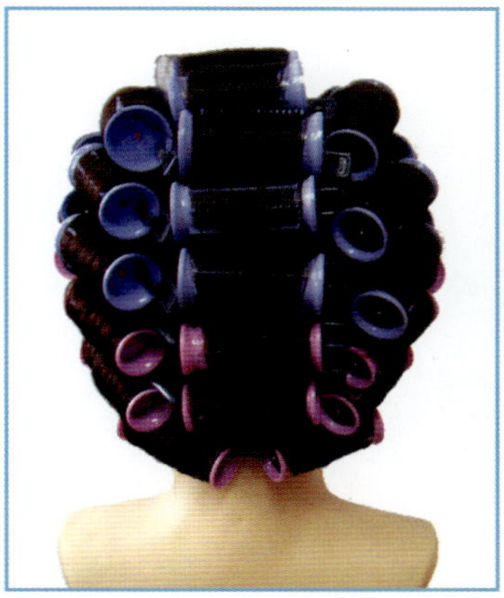

롤러 컬은 원형 롤러를 사용하여 자연스럽고 부드러운 웨이브를 형성시키는 것으로서 퍼머넌트와 스트레이트 한 모발에 사용이 가능하다. 롤러 컬은 전기를 가열하여 이용하는 것과 가열하지 않고 와인딩(Winding) 한 후 전기 기구를 사용하는 방법이 있다.

### 2) 롤러 컬의 와인딩 기법

#### (1) 전기 세팅기

현재 가장 많이 사용하는 전기 세팅 롤러로서 열을 가열하여 빠른 시간 내에 웨이브를 만들 수 있는 장점이 있으며 업스타일 디자인에 따라 웨이브의 크기를 롤러의 크기로 조절할 수 있다.

#### (2) 셋팅롤

세트롤로 와인딩한 후 후드 타입의 드라이어를 사용하여 웨이브를 형성 시킨다. 이때 웨이브의 형성을 도와주기 위해 와인딩 할 때 제품을 사용하면 도움이 된다.

## (3) 앞머리 와인딩 기법

### ① 왼쪽가르마의 경우

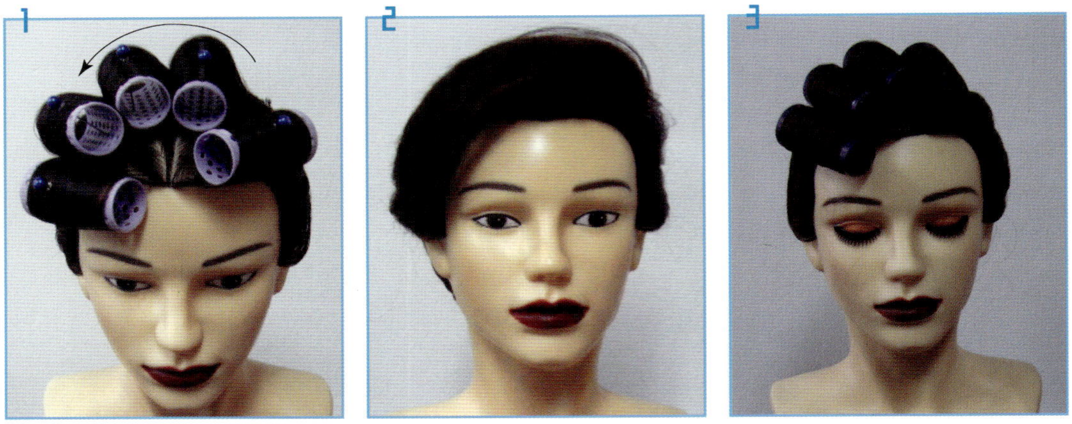

### ② 오른쪽가르마

### ③ 센타가르마

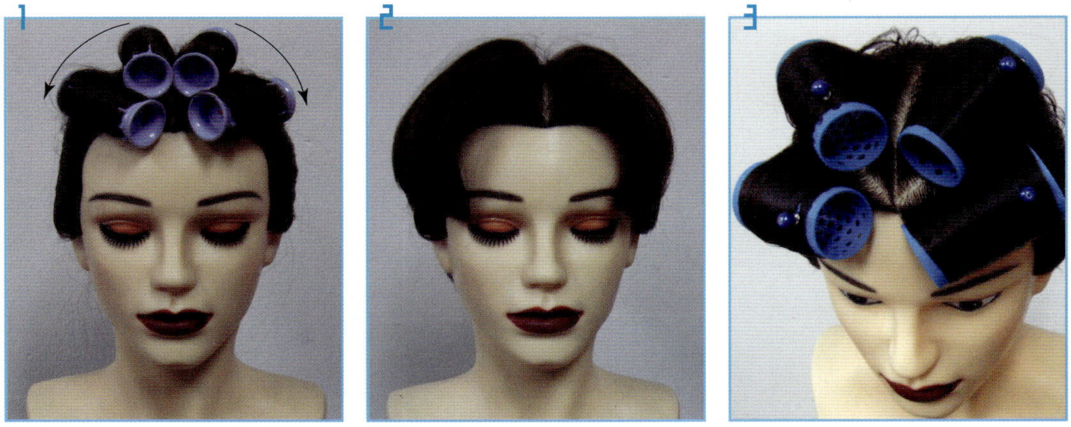

### 3) 백콤(Back comb)

볼륨있는 업스타일을 하기 위하여 스트랜드를 모근쪽을 향해 수직으로 빗질하여 모발을 세워 풍성하게 하기 위한 테크닉으로 꼬리빗이나 브러시를 사용할 수 있다. 백콤은 업스타일 디자인의 표면 안쪽에서 시술해야한다.

(1) 탑 부분은 90˚ 각도로 백콤

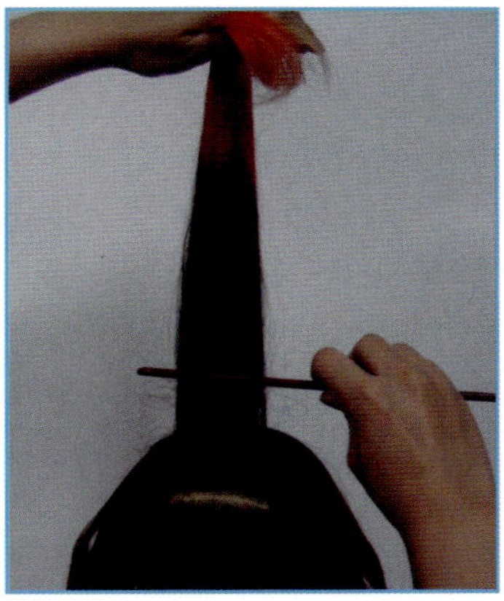

(2) 수직(vertical)으로 90˚ 백콤

(3)수평(horizontal)으로 90˚ 백콤

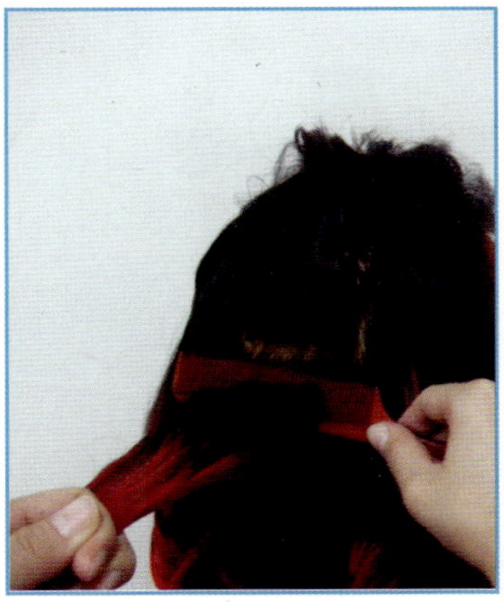

(4)다운스템 45˚로 백콤

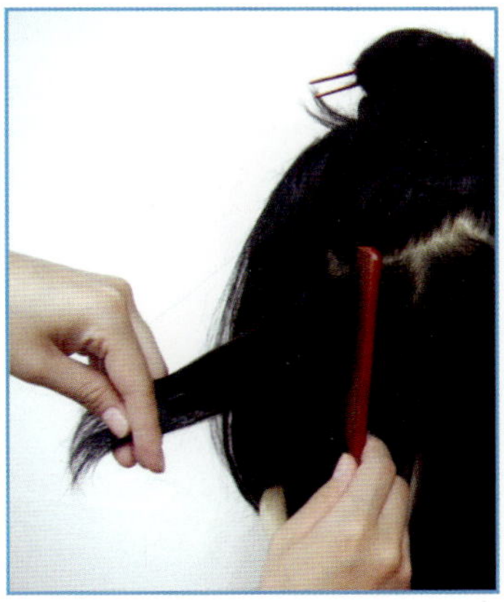

## 4) 토대 만들기(Foundation)

업스타일 디자인에 알맞게 고정하고자 할 경우 토대를 만들면 핀을 정확히 고정시킬 수가 있다. 또한 토대의 모발이 베이스가 되어 그 부분에 헤어싱의 사용으로 볼륨감을 얻을 수가 있다. 일반적으로 많이 사용하는 토대는 골덴 포인트 1/3에서 백포인트와 연결한 역삼각형의형을 많이 한다.

(1) 묶는 토대

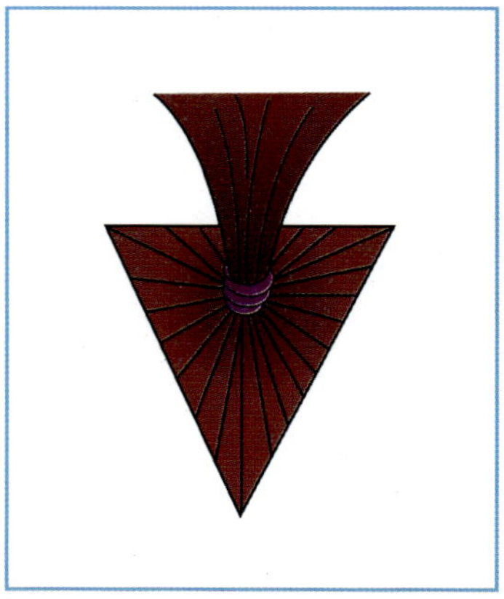

(2) 세가닥으로 땋은 토대

(3) 버티컬 롤 토대

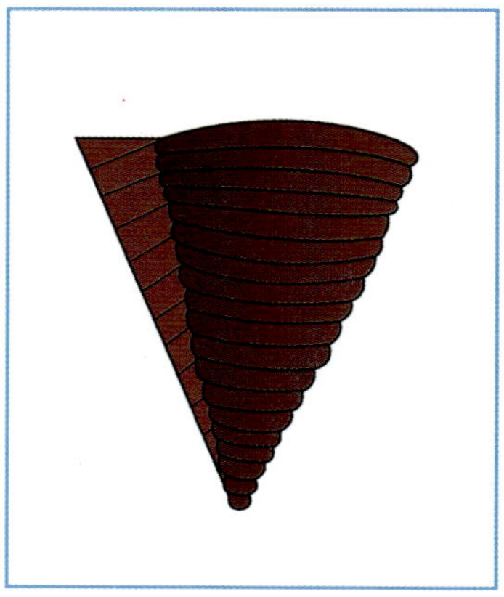

(4) 꼬기 토대

## 5) 묶는 방법

포니테일 스타일과 시뇽 스타일을 할 경우 묶어서 토대를 만드는 방법으로 고무밴드를 이용하여 단단하게 묶는다. 이때 고무밴드는 하나를 사용할 수 있으며, 2개를 연결하여 사용 할 수도 있다. 고무줄에 보비핀을 끼워서 사용하면 편리하다.

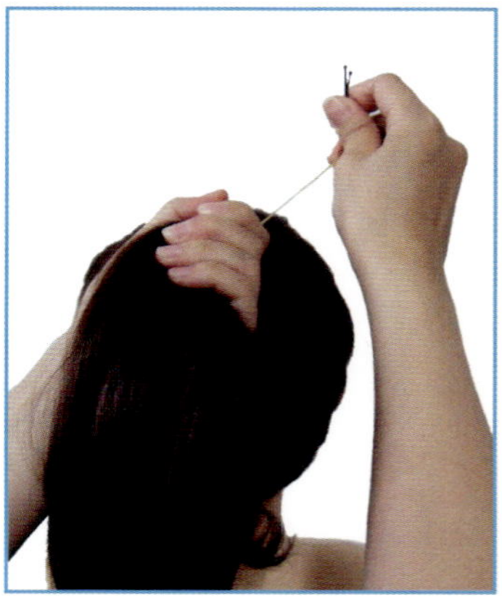

# 업스타일의 실제

# 업스타일의 실제

## 1. 세가닥 브레이드

롱 헤어를 간편하게 할 경우에 할 수 있으며 다양한 연령층의 정장, 캐주얼, 한복 등에 어울린다.

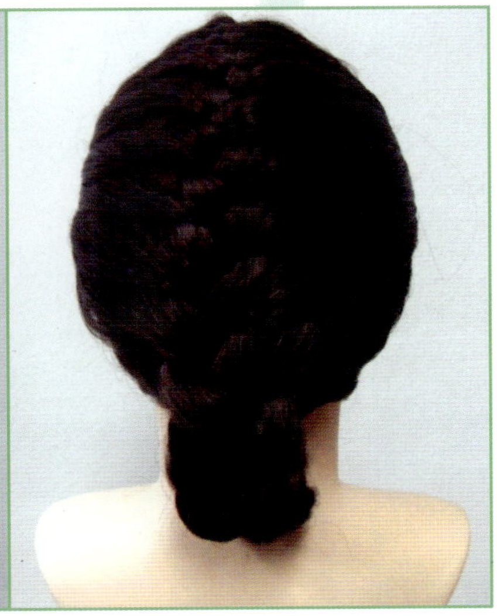

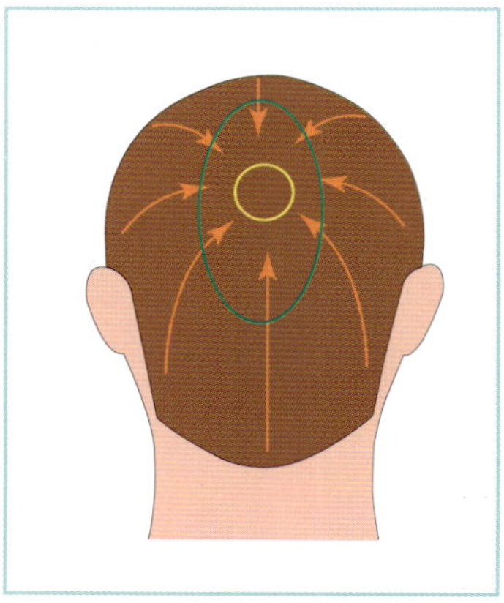

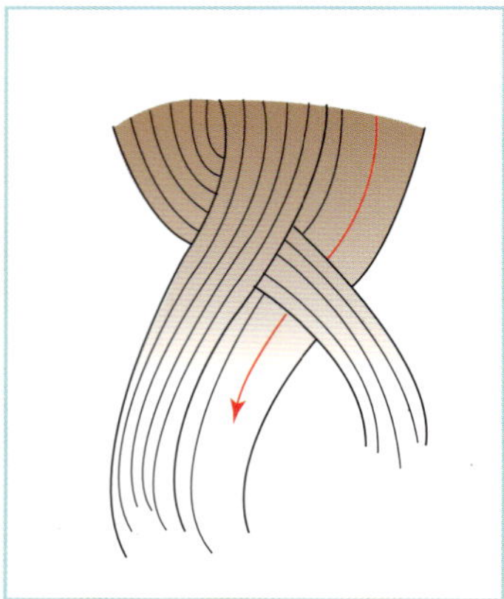

1. 앞이마 정 중앙에서 삼각베이스(triangul base)의 섹션으로 한다.
   삼각베이스의 섹션을 세 개의 스트랜드(strand)로 나눈다.
   중앙의 스트랜드가 겉으로 오게 하고 양쪽 바깥 모발을 중앙의 스트랜드 아래로 교차시킨다.

1-1

1-2

1-3

2. 좌, 우의 1.5~2cm 정도 섹션(sectiion)을 떠서 정중선에서 교차되도록 한다.
   같은 방법으로 계속 땋아 내려간다.

2-1

2-2

2-3

3. 골덴 포인트(golden point) 부분까지 계속 닿아 내려간다.
4. 골덴 포인트 부분에서부터 자연시술각으로 땋아 내려간다.

3

4-1

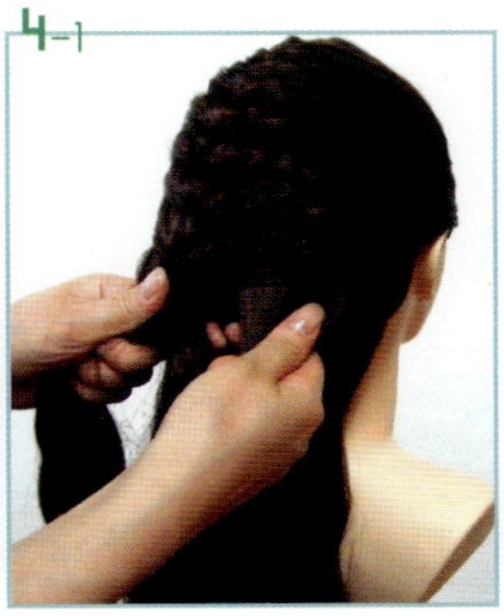

4-2

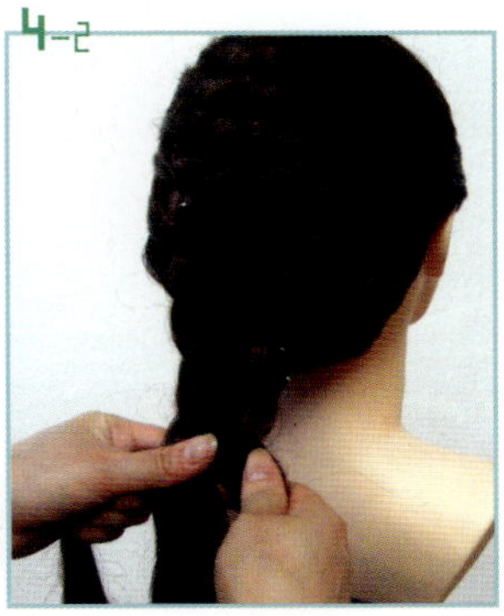

5. 모발 끝 부분을 고무줄로 묶은 후 네이프(nepe)에서 고정시킨다.
   이때 모발 끝은 고무줄로 묶어서 액세서리를 사용하여 자연스럽게 내리거나 접어서 네이프에 고정 시킬 수 있다.

5

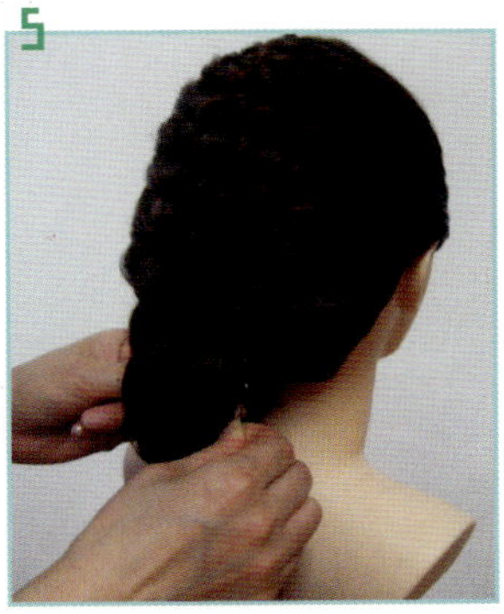

## 2. 오버랩 다운

롱 헤어에 부드럽고 자연스러운 느낌을 줄 수 있으며, 어떠한 장소에도 어울리는 스타일이다.

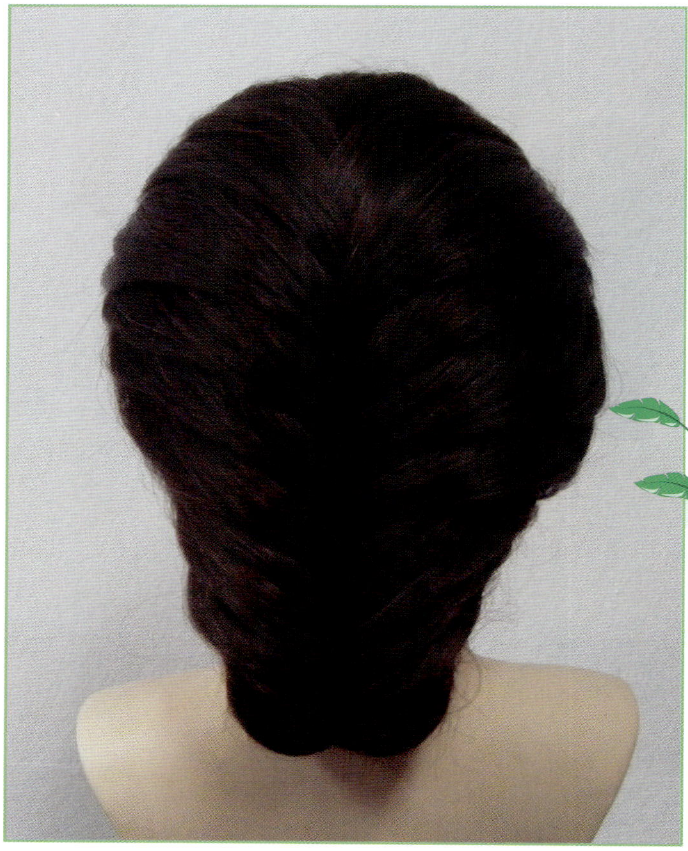

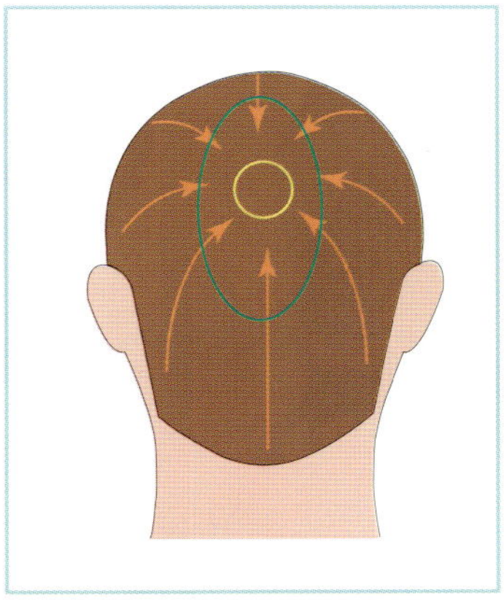

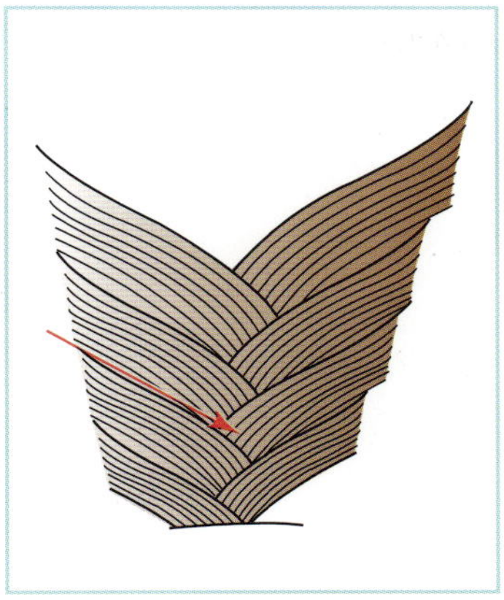

1. 앞 이마 정중앙에서 삼각 베이스의 섹션으로 한다.
2. 두가닥의 스트랜드로 나누어 교차시킨다.
3. 왼쪽의 스트랜드를 오른쪽으로 교차시킨다.
4. 오른쪽 스트랜드를 왼쪽으로 교차시킨다. 이때 골덴 포이트 부분에서 각도를 들어주면 스타일이 완성 되었을 때 많이 처지는 스타일이 된다. 각도는 디자인에 따라 조절할 수 있다.

1

2
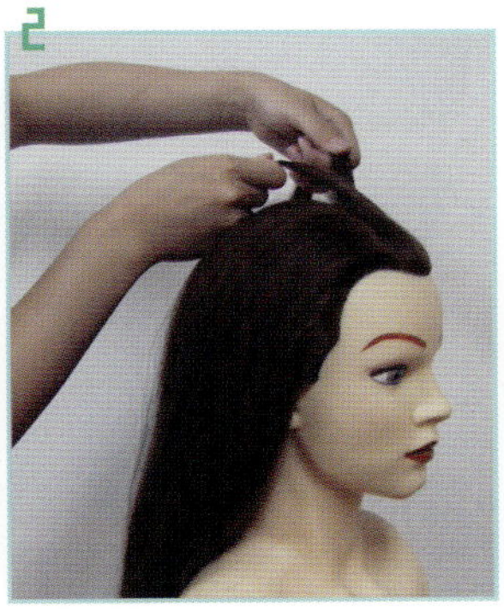
3

4

5. 같은 방법으로 왼쪽, 오른쪽의 섹션을 떠서 스트랜드를 교차시키면서 네이프까지 시술한다.
6. 땋아 내려온 스트랜드에서 소량의 모발을 교차한다.
7. 모발 끝까지 땋은 후 고무줄로 묶어둔다.
8. 묶은 모발 끝을 네이프 방향으로 접어 유핀과 보비핀으로 고정한다.

5
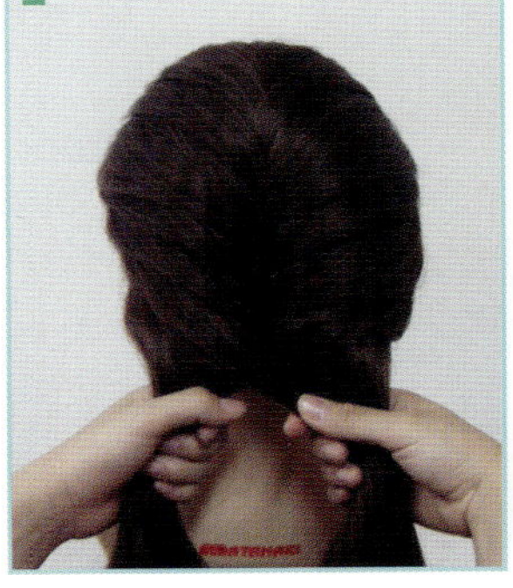
6
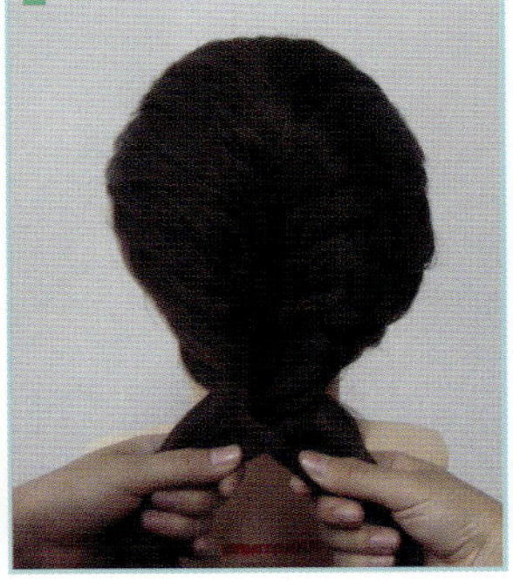
7

8

## 3. 언더 브레이드(한 가닥 겉 땋기)

롱 헤어를 겉 땋기를 함으로써 세 가닥 땋기의 단조로움을 보완하고 도드라지게 디자인하여 다양한 연령대와 정장, 한복, 캐주얼 등에 어울린다.

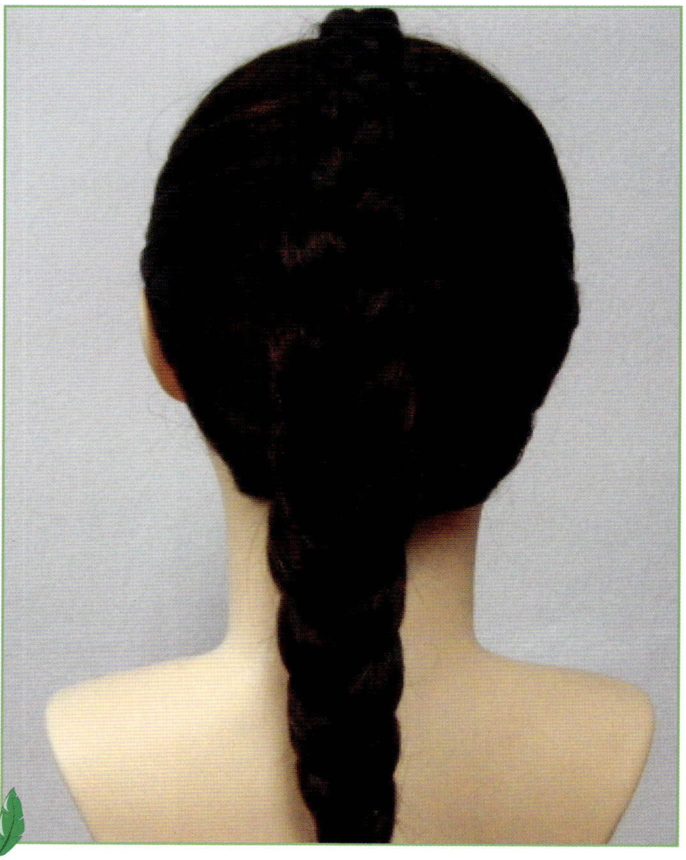

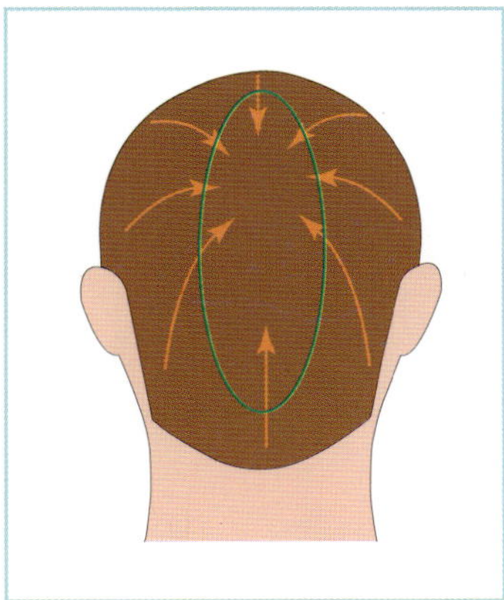

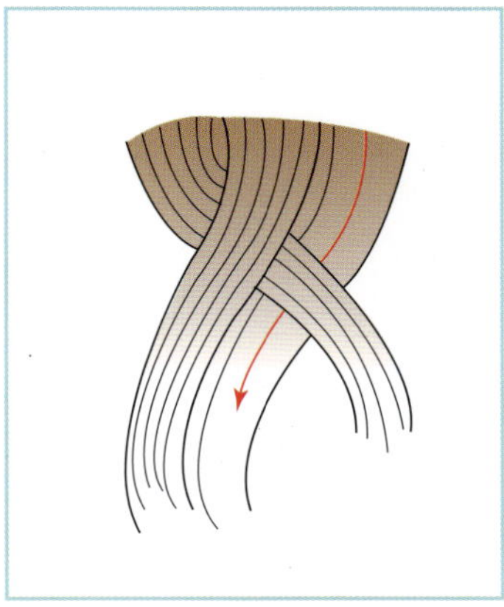

1. 앞이마 정 중앙에서 삼각형의 섹션을 뜬 후 세개의 스트랜드로 나눈다.
   중앙의 패널이 위로 오도록 잡아준다.

1

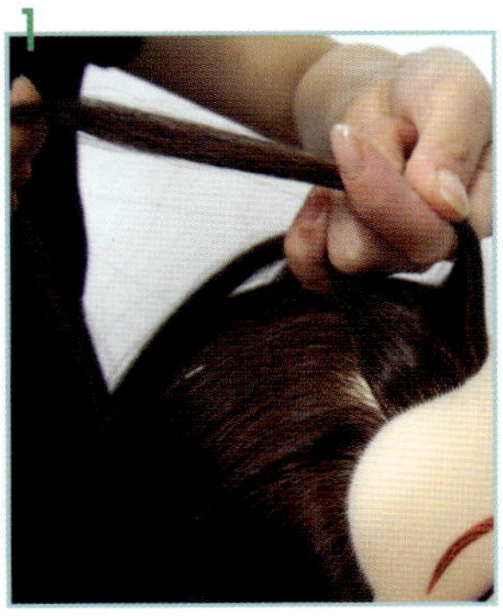

2. 중심의 모발 아래로 두개의 스트랜드를 교차시킨다.

2-1

2-2

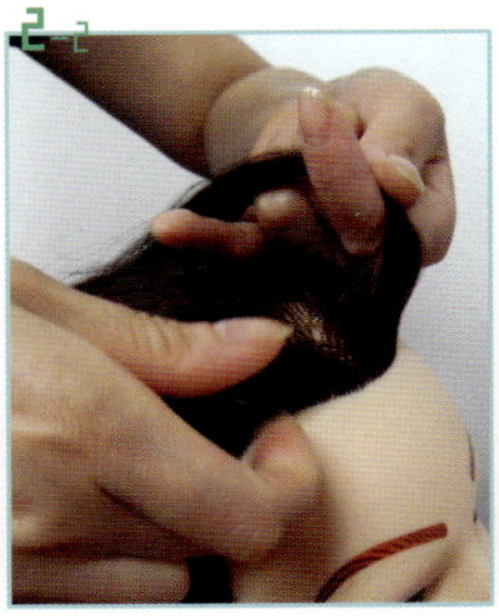

2-3

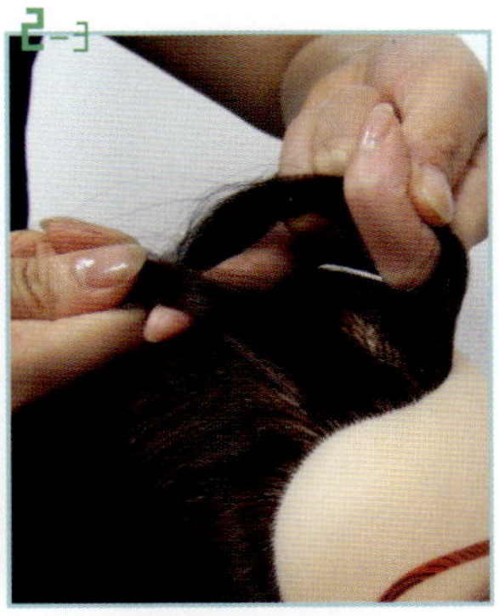

3. 오른쪽에서 섹션을 떠서 왼손의 잡고 있는 스트랜드 아래로 가져간 후 합쳐서 위로 올린다.

3-1

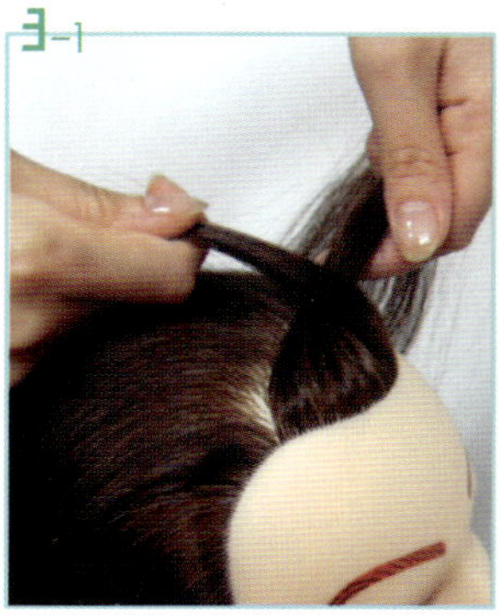

3-2

3-3

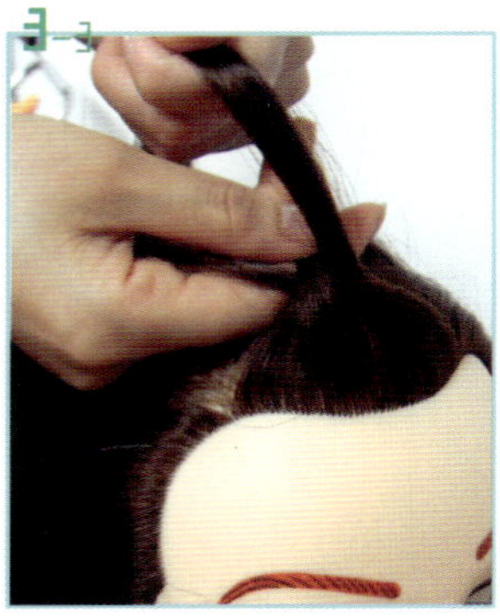

4. 같은 방법으로 계속 땋아 내려간다.

4-1

4-2

5. 골덴 포인트 부분에서 자연시술각으로 네이프 까지 계속 땋아내려 간다.
고무줄로 묶은 모발 끝을 자연스럽게 내리거나 네이프로 접어 고정시킬 수도 있다.

5-1

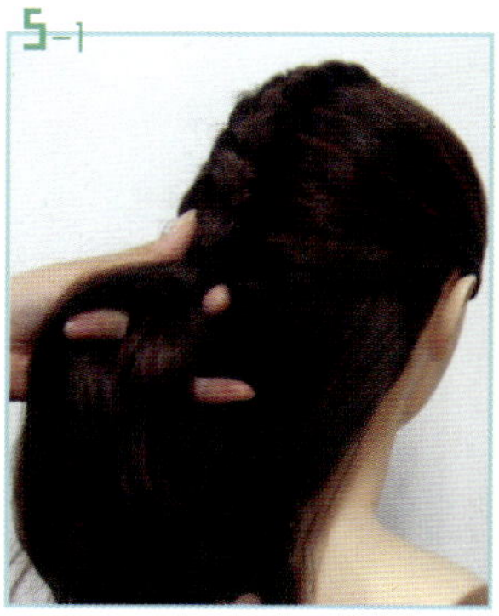

5-2

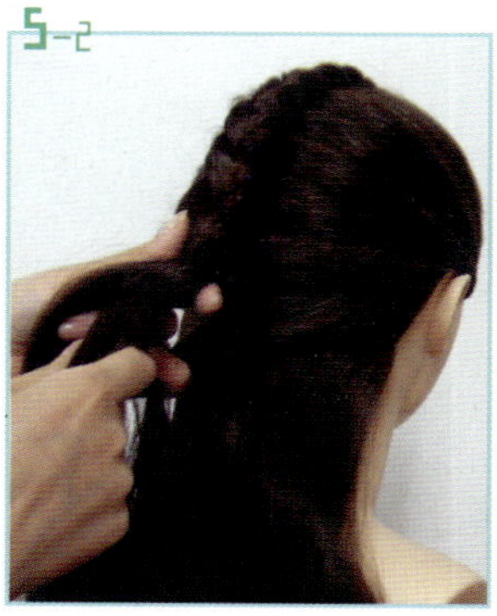

5-3

5-4

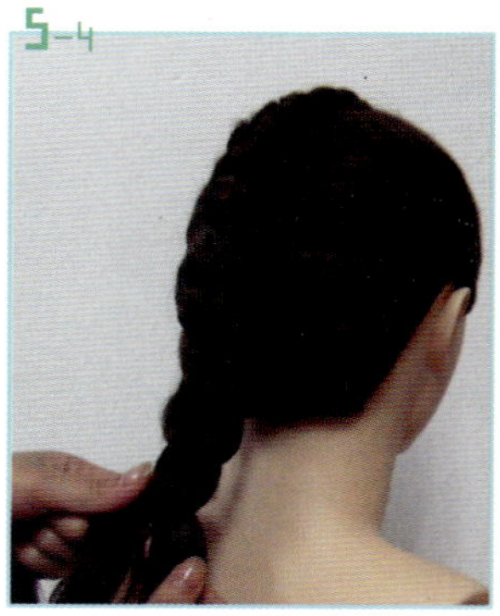

## 4. 응용 브레이드 1

롱 헤어에 테이프를 이용하여 네추럴 땋기의 단조로움을 완화 시킬 수 있으며 30대 까지 정장, 한복 등에 어울린다.

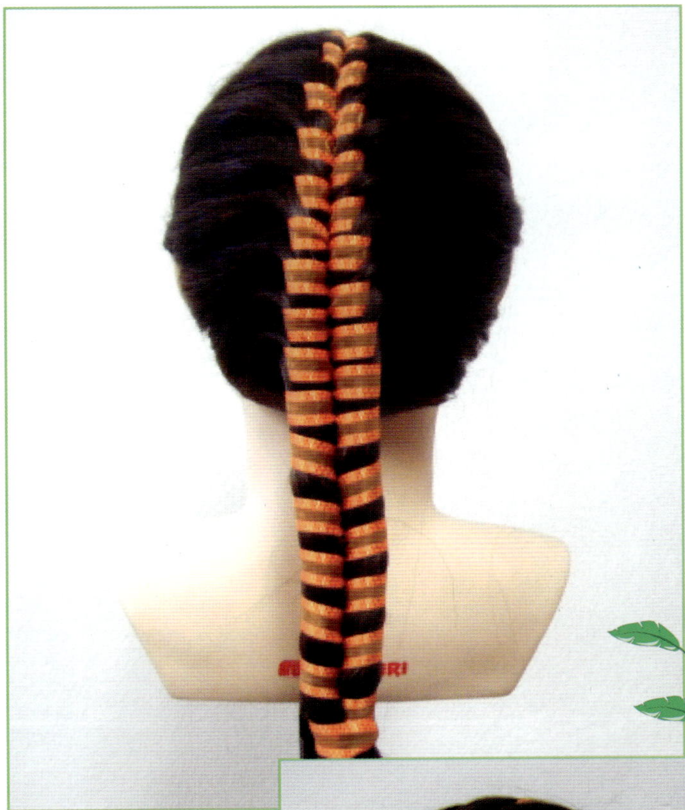

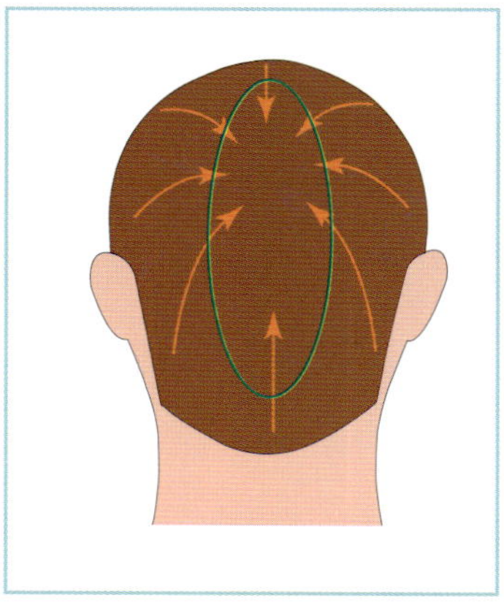

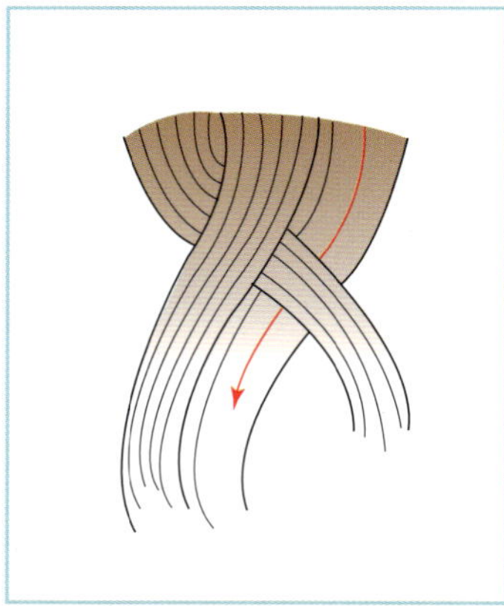

1. 앞이마 정 중앙에서 테이프로 묶을 정도의 모발을 삼각형으로 섹션을 뜬 후 테이프로 묶는다. 묶은 모발을 두개의 스트랜드로 나누고 나머지 한개의 스트랜드는 테이프로 대신하여 세 가닥 땋기를 한다.
2. 오른쪽의 모발을 1.5cm 정도 섹션을 뜬 후 정중선으로 가져와서 합친 후 테이프로 감싸준다.

1

2

3. 왼쪽 모발을 1.5cm 섹션을 뜬 후 정도 정중선으로 가져와서 합쳐 테이프로 감싸준다.
4. 골덴 포인트 부분에서 두상을 따라 계속 땋아내려 간다.
5. 네이프에 있는 모발을 다 땋은 후 두가닥의 모발에 계속적으로 테이프만 이용하여 왼쪽, 오른쪽을 감싸준다. 전체를 다 땋은 후 모발 끝을 그대로 두어도 좋으며, 네이프 쪽으로 접어줄 수 있다.

3

4

5

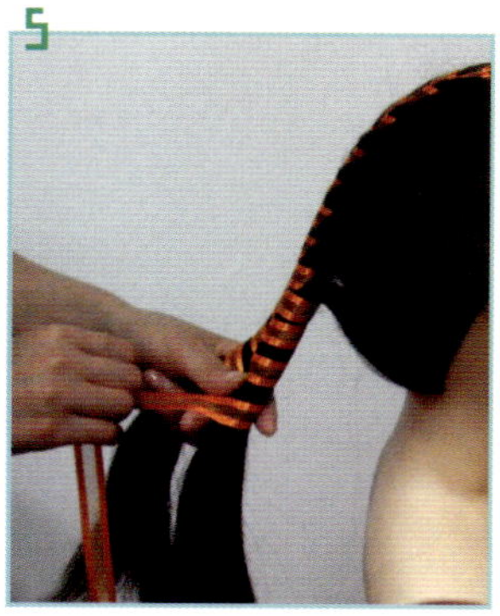

## 5. 응용 브레이드 2

롱 헤어를 센타 가르마로 하고 테이프를 응용하여 포인트를 주며, 어린 아이들이 할 경우 귀엽게 느껴지며 젊은 여성들의 정장, 한복에도 어울리는 스타일이다. 이때 테이프는 한복의 색과 맞추어도 좋다.

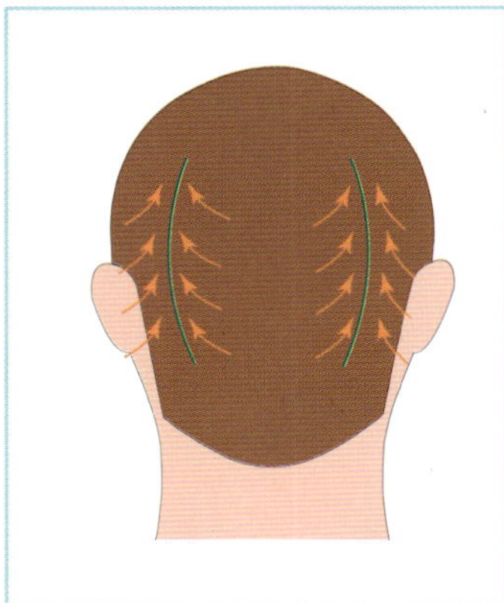

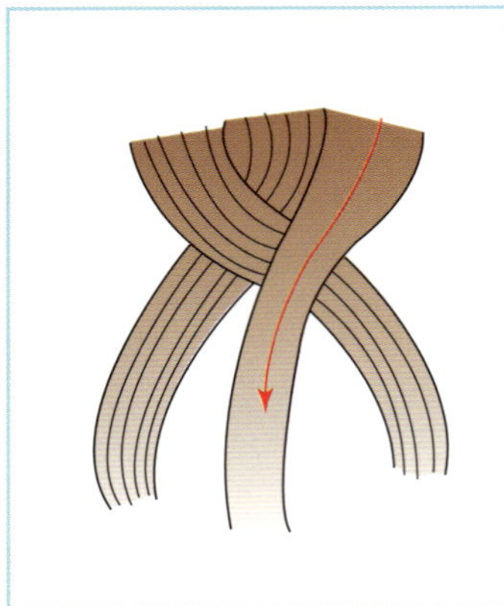

1. 앞이마에서 정중선으로 가르마를 가르고 우측 앞이마 부분에서 소량의 모발을 테이프로 묶기 위해 삼각형으로 섹션을 뜬다.
2. 테이프로 묶은 모발을 두 개의 스트랜드로 나누고, 테이프를 하나의 스트랜드로 한다. 계속 오른쪽, 왼쪽 섹션을 떠서 잡고 있는 모발과 합치고 테이프로 감싸주며 세가닥 땋기를 한다.

1

2-1

2-2

3. 자연 시술각으로 계속 땋아 내려간다.
땋은 모발 끝을 고무줄로 묶은 후 둥글게 환을 지어 고정한다.

3-1

3-2

3-3

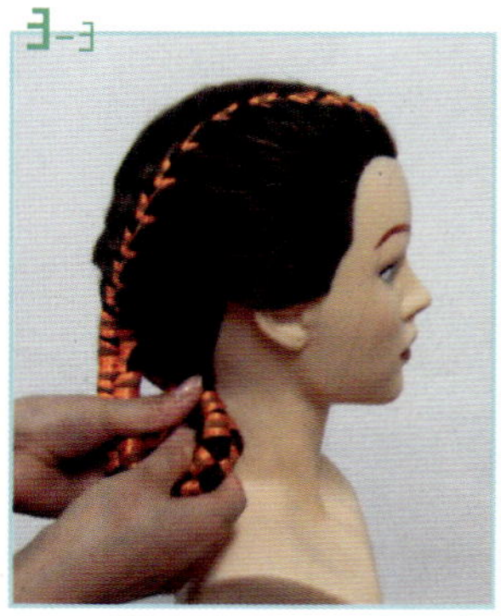

## 6. 응용 브레이드 3

롱 헤어를 전체적으로 셋팅, 또는 아이론을 하여 웨이브를 형성시키고 헤어밴드의 효과를 얻을 수 있다. 정장, 캐주얼 등에 잘 어울리는 스타일이다.

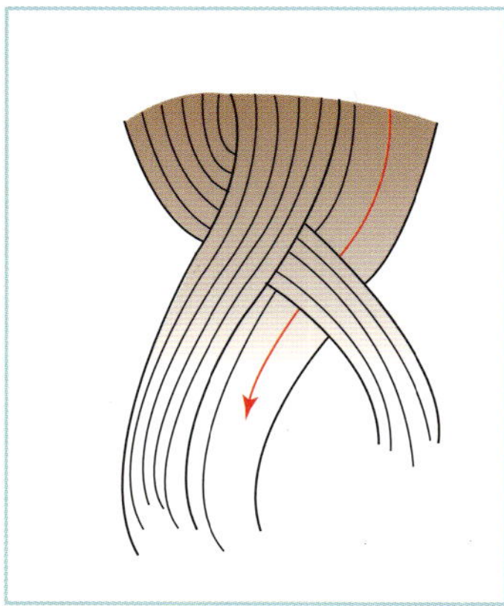

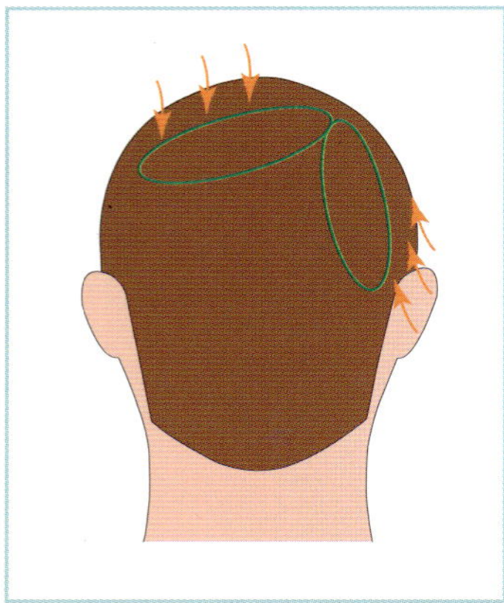

1. 왼쪽 이어 포인트(ear point) 부분에서 삼각형으로 섹션을 떠서 세 가닥의 스트랜드로 나눈다.

1

2

2. 중앙의 가닥이 위로 오도록 양쪽 가닥을 중앙 가닥 아래에서 교차한다.
3. 1회 땋은 후의 땋기에는 페이스 라인에 있는 모발만 섹션으로 사용한다. 즉 한쪽 방향만 섹션을 뜬다. 이때 섹션의 양이 적을수록 좋다.

3-1

3-2

3-3

4. 섹션은 이마중심 부위까지는 점차적으로 길게 하고, 중심에서 나머지 방향은 점차적으로 짧아지게 섹션을 뜬다. 이때 오른쪽 이어 포인트 까지만 섹션을 뜨고 그 이후는 땋고 있는 나머지 모발만 계속 땋아내려 간다.
5. 땋기가 끝난 후 고무줄로 묶고 왼쪽 네이프 코너에 마무리 고정을 한다.

4

5

## 7. 응용 브레이드 4

페이스 라인(face line)과 네이프의 모발을 깔끔하게 땋아서 디자인한다. 어린아이들의 유치원 또는 각종 행사때 할 경우 귀엽게 보인다.

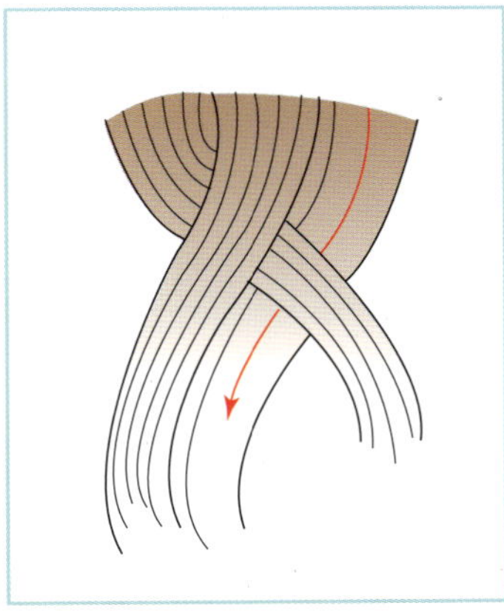

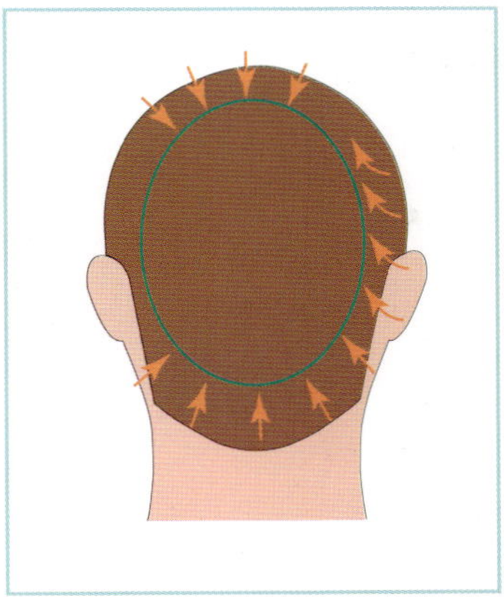

1. 왼쪽 이어 포인트 부분에서 삼각형으로 섹션을 한다.
2. 세개의 스트랜드로 나누어 중앙의 스트랜드가 위로, 나머지 두개의 스트랜드는 아래로 교차하여 1회 땋는다.
3. 1회 땋은 후의 땋기에는 페이스 라인에 있는 모발만 섹션으로 사용한다. 즉 한쪽 방향만 섹션을 뜬다.
4. 섹션은 이마중심 부위 까지는 점차적으로 길게 하고, 중심에서 나머지 방향은 점차적으로 짧아지게 섹션을 뜬다.

1

2

3

4

5. 계속적으로 네이프라인을 따라 섹션을 떠서 땋아준다.
6. 왼쪽 사이드 코너 포인트(side coner point) 까지 땋기 완성 후 왼쪽 관자놀이 부분에서 마무리 고정을 한다.

5-1

5-2

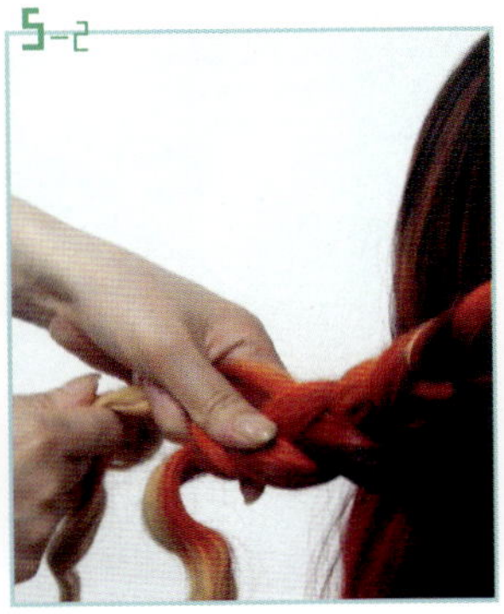

6

## 8. 다운 스타일 1(변형 쪽머리)

롱 헤어일 경우와 숏트 헤어일 경우에 가능하다. 숏트 헤어일 경우는 헤어피스를 사용하여 연출 할 수 있으며 모발 끝 부분만 셋팅을 하여도 된다. 잔 모발이 많을 경우와 스트레이트 모발일 경우, 헤어망의 사용으로 쉽게 할 수 있다. 한복, 정장 등에 어울리는 헤어스타일이다.

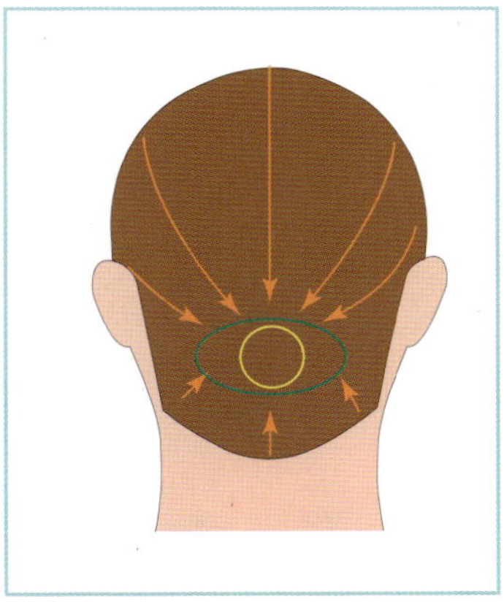

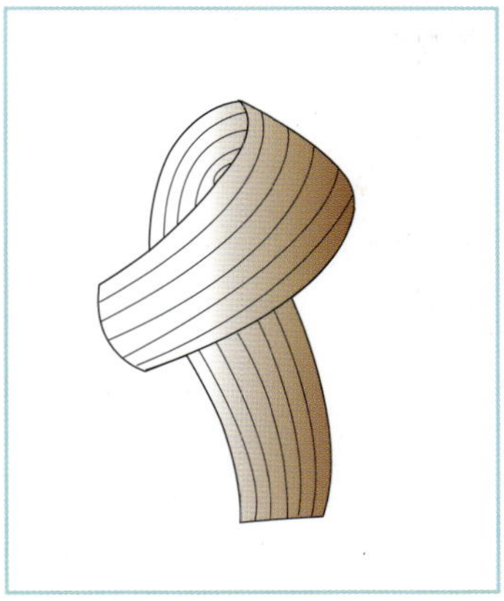

1. 네이프 쪽으로 전체적으로 곱게 빗질하고 스프레이를 분사하여 깨끗하게 정리한다.

1

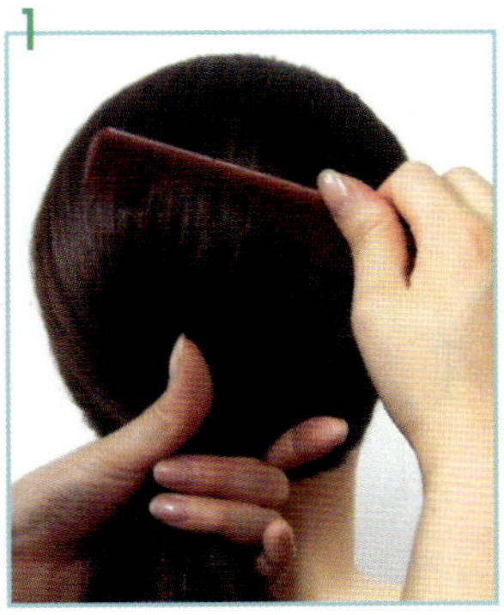

2. 네이프 포인트(nepe point)에서 전체 모발을 잡고 두개의 고무줄을 연결하여 보비핀(bobby pin)을 끼우고 엄지손가락에 고무줄하나를 걸고 돌려 묶어 하나의 포니테일(ponytail)을 만든다.

2-1

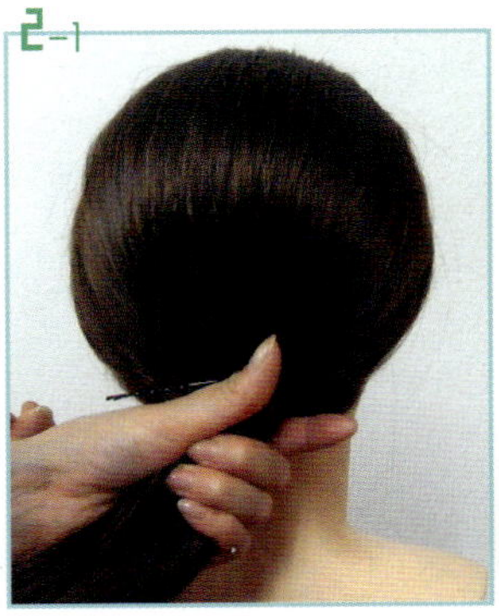

2-2

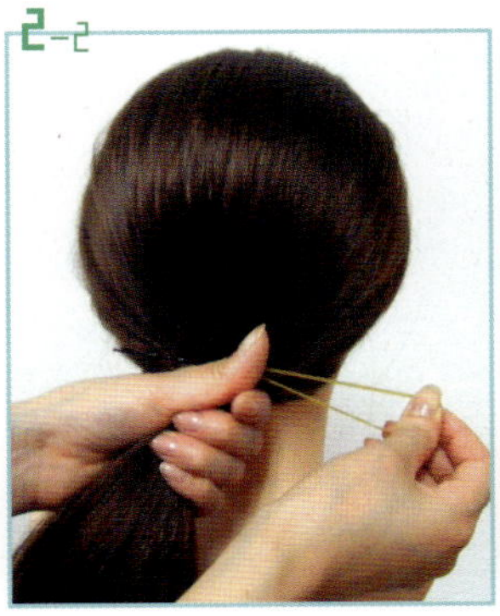

2-3

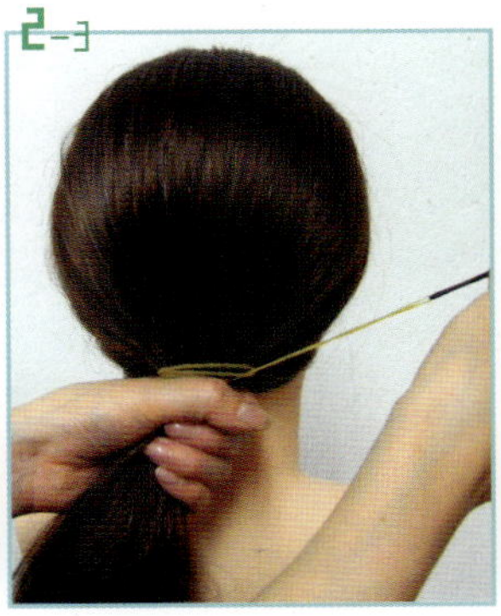

2-4

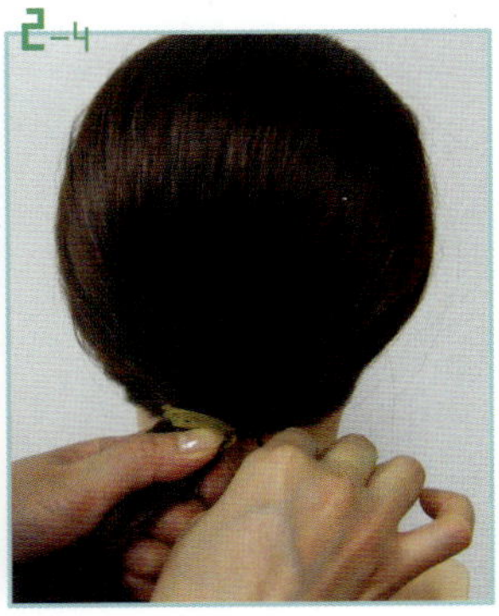

3. 헤어 망을 씌워서 세 개의 패널(panel)로 나누어 중간 모발을 S자 형으로 돌려서 고무줄로 묶은 부위에 얹어 고정한다.

3-1

3-2

3-3

4. 두 번째 왼쪽의 패널을 왼쪽편으로 S자 형으로 돌려서 고정한다.

4-1

4-2

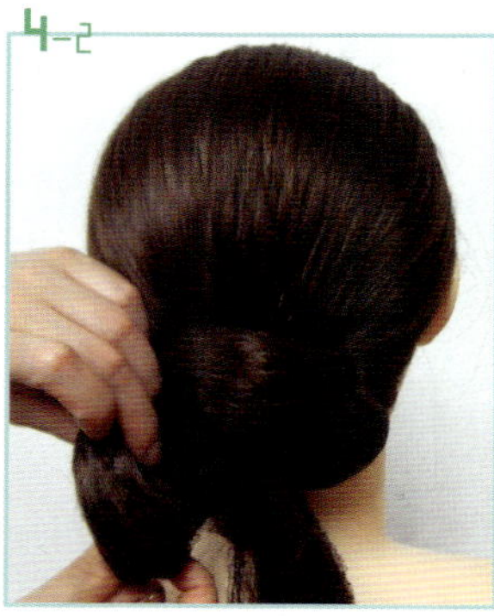

5. 세번 째 오른쪽의 패널을 오른쪽으로 S자 형으로 돌려서 고정한다.

5-1

5-2

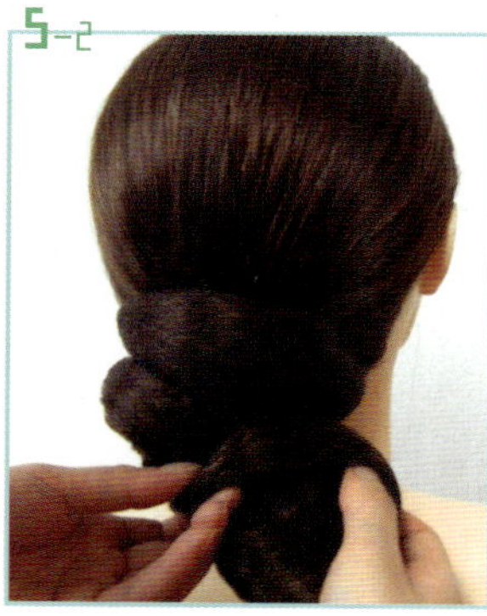

5-3

5-4
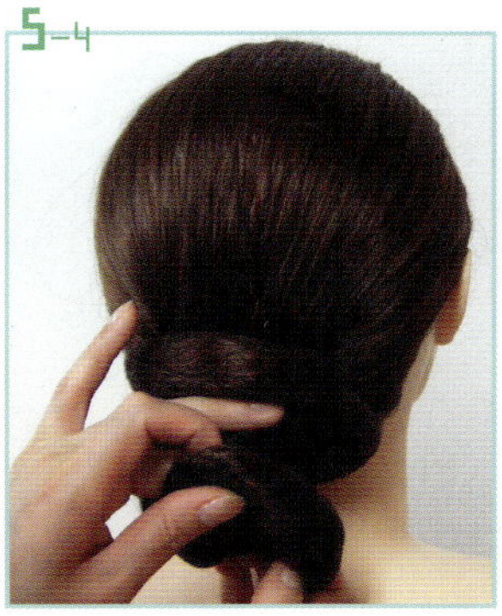
5-5

6. 전체적으로 안정되게 보비 핀으로 고정을 한다.

6-1

6-2

6-3

7. 완성된 쪽 머리모양에 액세서리를 이용하여 아름답게 연출한다.

7-1

7-2

## 9. 다운스타일 2

롱 헤어에 포인트로 컬러 테이프를 이용하여 브레이드(braid)하며 웨딩, 한복, 파티 의상에 어울리도록 디자인하여 업스타일을 한다. 액세서리를 이용하여 포인트를 주어 화려하고 우아한 다운 헤어스타일을 표현 할 수 있다.

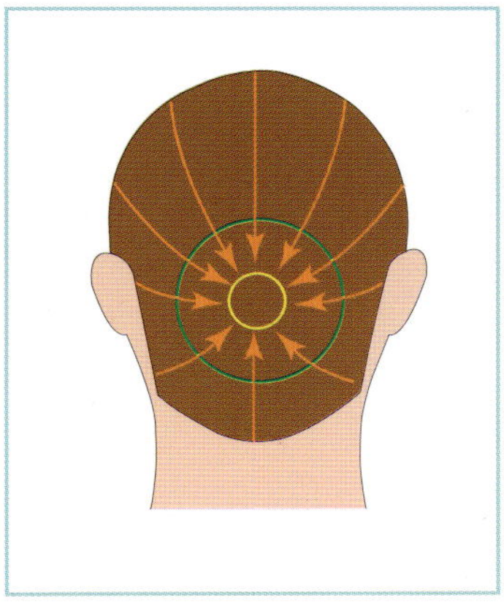

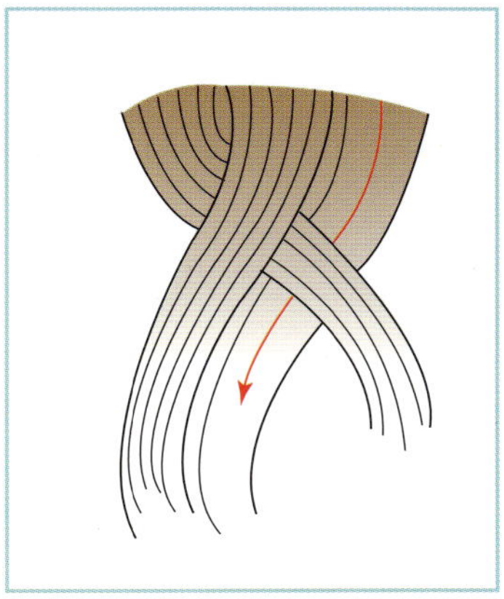

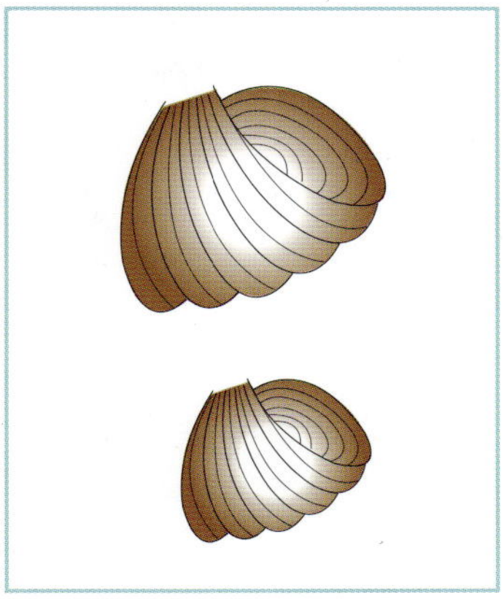

1. 퍼머 스타일의 모발은 블로우 드라이로 스트레이트하면서 모발 끝은 약간의 웨이브를 형성시키고 스트레이트 되어있는 모발은 모발 끝에 셋팅을 하여 연출 할 수 있다.

1-1

1-2

2. 좌, 우 사이드 포인트에서 블로킹을 시작하여, 네이프 포인트에서 4cm 위의 부분까지 연결하면서 블로킹한 후 가르마 없이 뒤로 곱게 빗질하고 스프레이를 분사하여 깨끗하게 묶어 둔다.

2-1

2-2

2-3

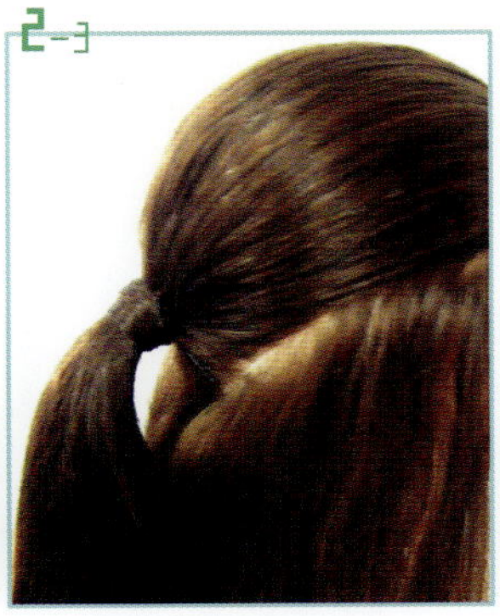

3. 사이드 포인트에 남겨둔 모발에 테이프를 묶어준 다음 묶은 모발을 두개의 스트랜드로 나누고, 헤어라인의 모발만 섹션을 떠서 땋은 후 테이프로 감싸준다.
4. 네이프의 모발까지 다 땋은 후 테이프를 좌, 우로 모발을 감싸주면서 모발 끝까지 계속 한다.

3

4

5. 양쪽을 다 땋은 후 중앙의 포니테일의 고무줄이 보이지 않도록 소량의 모발로 돌려 감아 고정 시킨다.
6. 헤어망으로 포니테일을 감싸준다.

5

6

7. 테이프를 넣고 땋아둔 왼쪽 모발을 망을 씌운 포니테일의 묶은 부분에서 돌려 고정시킨다.

7-1

7-2

8. 테이프를 넣고 땋아둔 오른쪽 모발을 왼쪽의 땋아서 돌려놓은 부분 위쪽으로 돌려 고정 시킨다.
9. 헤어망으로 감싸놓은 포니테일을 포워드롤(forward roll)로 크게 돌려준다.

8

9

10. 네이프 포인트에서 롤을 약간 잡아당겨 준다.
11. 보비 핀으로 롤의 양쪽을 고정시킨다.

10
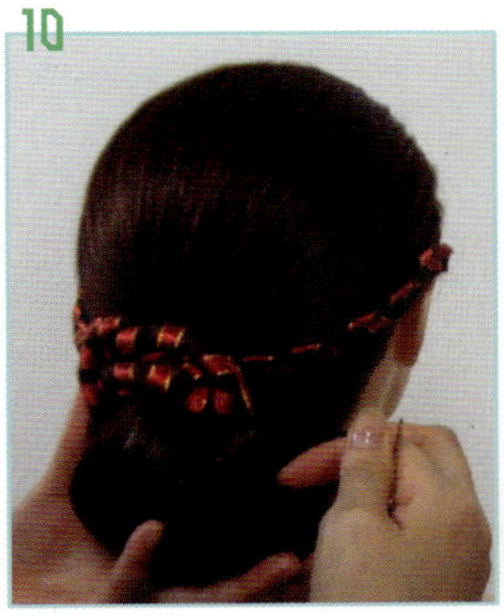

11
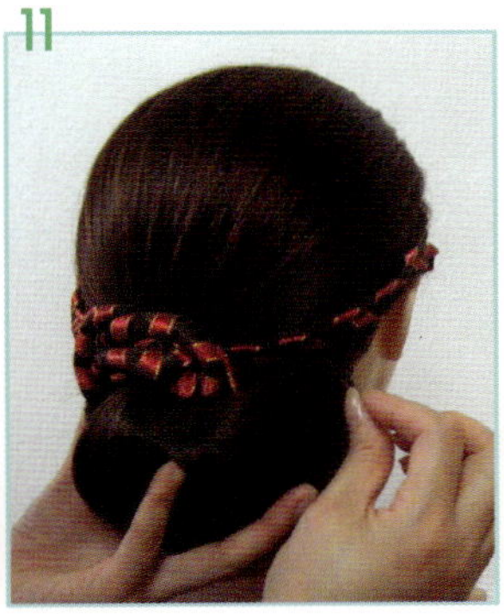

## 10. 트위스트 다운 3

긴 머리를 이용하여 웨딩, 한복, 파티 의상에 어울리도록 귀 옆선의 모발을 꼬우기(twist) 기법을 사용하는 디자인을 하고 스타일을 한 후 액세서리를 이용하여 포인트를 주어 화려하고 우아한 다운스타일을 표현 할 수 있다.

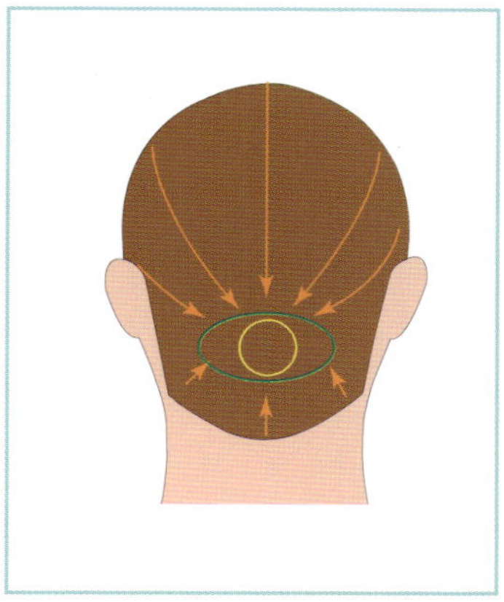

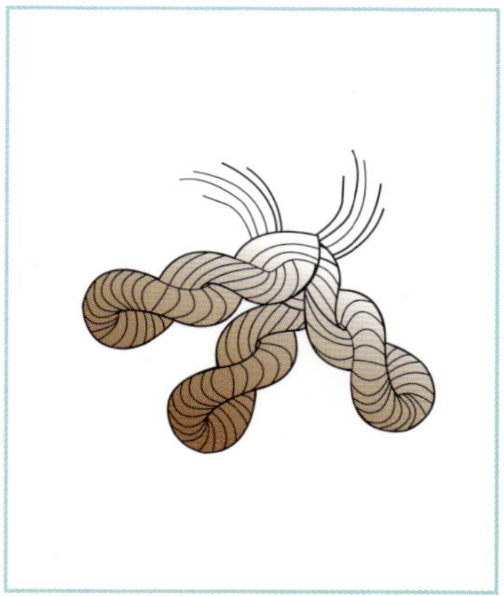

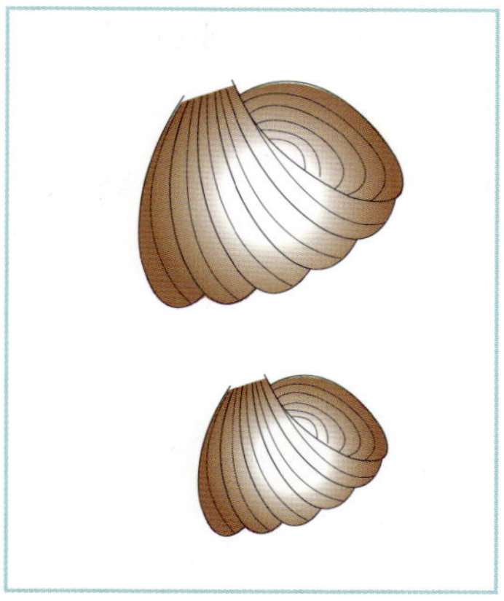

1. 퍼머 스타일의 모발은 블로우 드라이로 스트레이트하면서 모발 끝은 약간의 웨이브를 형성시키고 스트레이트 되어있는 모발은 모발 끝에 셋팅을 한다. 만약 셋팅을 하지 않고 자연 그대로할 경우는 헤어망을 사용하여 시술한다.

1

2. 좌, 우 사이트 포인트에서 블로킹을 시작하여 네이프 포인트에서 4cm 위의 부분까지 연결하면서 블로킹한 후 가르마없이 뒤로 곱게 빗질하고 스프레이를 분사하여 깨끗하게 묶어둔다.

2-1

2-2

2-3

3. 오른쪽과 왼쪽 사이트 포인트에서 약간의 모발을 한쪽 방향으로 꼬아가면서 고정시킨다. 네이프까지 소량을 모발을 계속적으로 가져와 합쳐서 꼬우기를 한 후 고정 시킨다.
4. 네이프 부분에 묶어둔 포니테일을 포워드롤로 둥글게 고정시켜 준다.
5. 완성한 다운스타일에 액세서리를 장식한다.

3

4

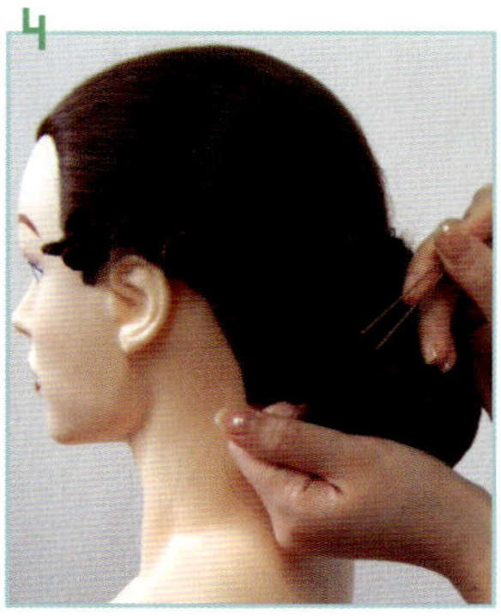

5

# 11. 다운스타일 4

롱 헤어를 이용하여 웨딩, 한복, 파티 의상에 어울리도록 디자인하고 네이프 부분의 S흐름으로 스타일을 한 후 액세서리를 이용하여 포인트를 주어 화려하고 우아한 다운스타일을 표현 할 수 있다.

퍼머 스타일의 모발은 블로우 드라이로 스트레이트하면서 모발 끝은 약간의 웨이브를 형성시키고 스트레이트 되어있는 모발은 모발 끝에 셋팅을 하여 스타일을 할 수 있으며, 짧은 모발의 경우 가체를 사용하여 우아하게 할 수 있다.

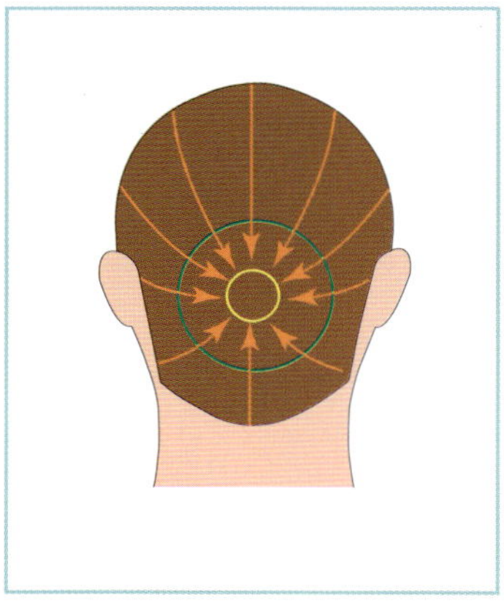

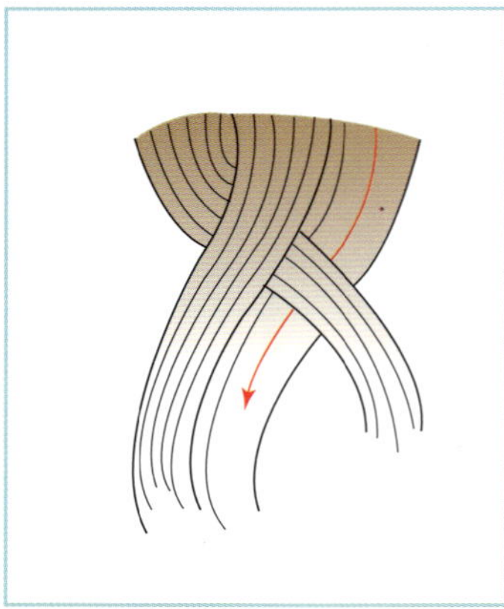

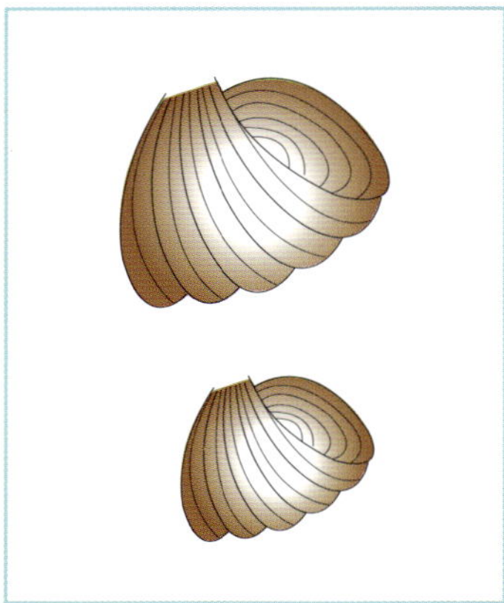

1. 좌, 우 사이트 포인트에서 블로킹을 시작하며 네이프 포인트에서 4cm 위의 부분까지 연결하면서 블로킹한 후 가르마 없이 뒤로 곱게 빗질하여 묶은 후 고무줄이 보이지 않도록 소량의 모발로 돌려 감아 고정 시켜 둔다.

1-1

1-2

1-3

2. 오른쪽과 왼쪽  사이트 포인트에서 세 개의 스트랜드로 나누어 네이프 포인트 까지 땋아 내려 모발 끝에서 묶어둔다.

2-1

2-2

2-3

2-4

3. 네이프 포인트의 포니테일을 묶은 부분에 소량의 모발로 고무줄이 보이지 않도록 돌려준다.
4. 감아준 부분을 보비 핀으로 고정시킨다.

3

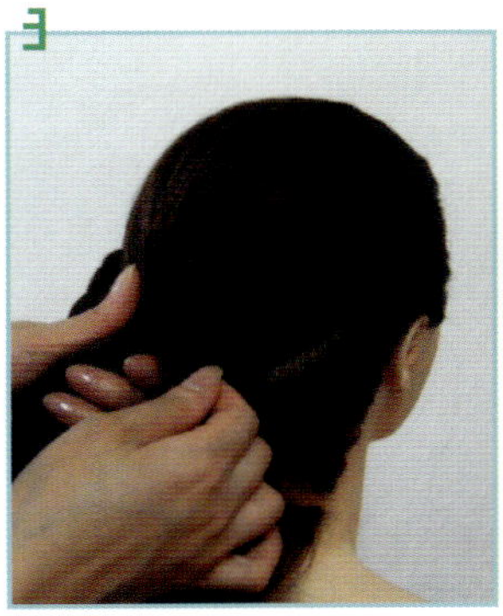

4

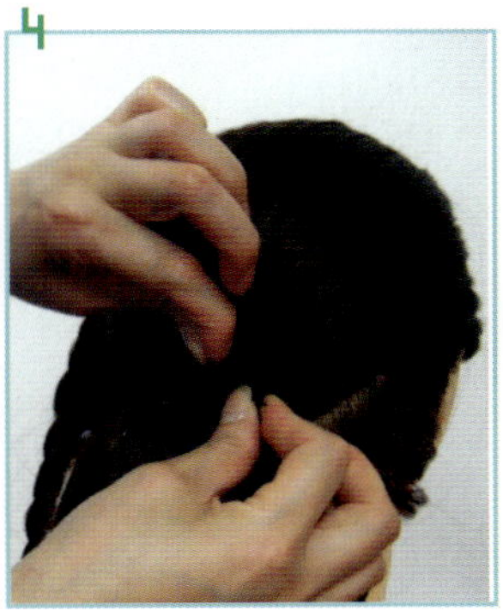

5. 왼쪽과 오른쪽의 땋은 모발을 묶어둔 모발위로 돌려 고정시킨다.
6. 포니테일을 3개의 패널로 나누어 중간 포니테일에 헤어망을 씌우고 네이프 쪽으로 둥글게 롤을 만든다.
7. 오른쪽 패널을 묶은 부분을 향하여 돌려 왼쪽으로 가도록 방향을 잡아준다.

5

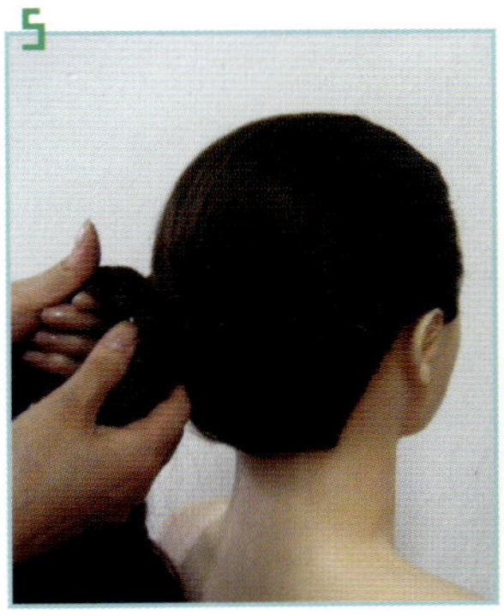

6

7

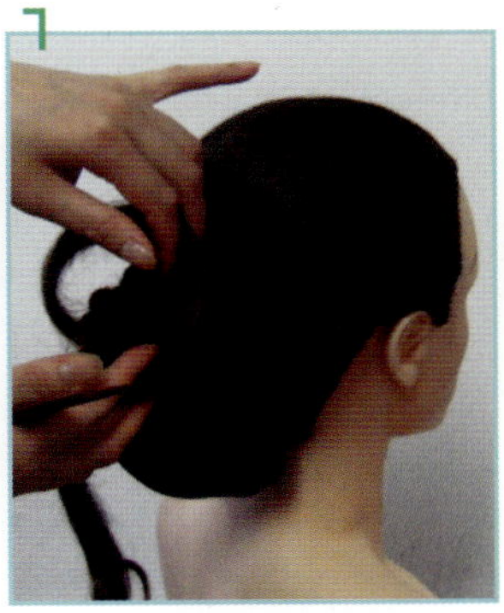

8. 왼쪽으로 모발 끝이 내려오도록 크게 C의 흐름으로 고정한다.
9. 왼쪽 패널을 포니테일의 묶은 부분으로 S형으로 모양을 얹어 고정한다.
10. 완성한 다운스타일에 액세서리로 장식하여 포인트를 줄 수 있다.

8

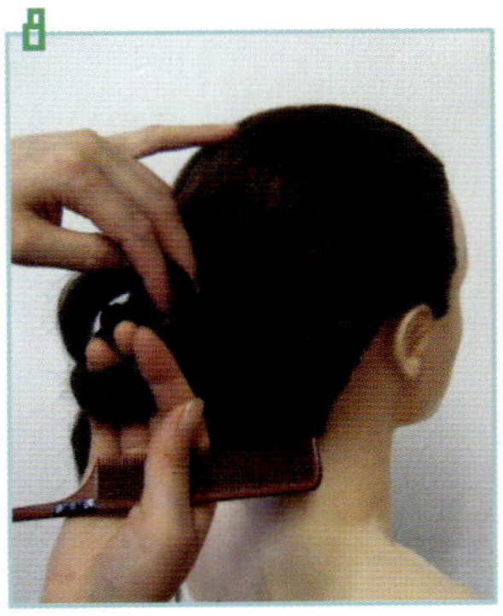

9

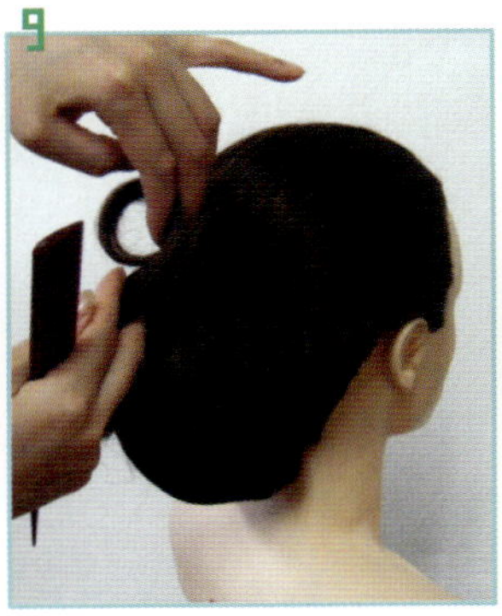

10

## 12. 소라형 버티컬 롤 스타일

모발의 양에 관계없이 할 수 있는 스타일로 숱이 많을 경우는 약간의 백콤을 넣을 수 있으며, 숱이 적을 경우 전체적으로 백콤을 넣으면 볼륨감이 있는 우아하고 아름다운 헤어스타일이 될 수 있다. 어떠한 의상에도 어울리는 여성스러운 헤어스타일이다.

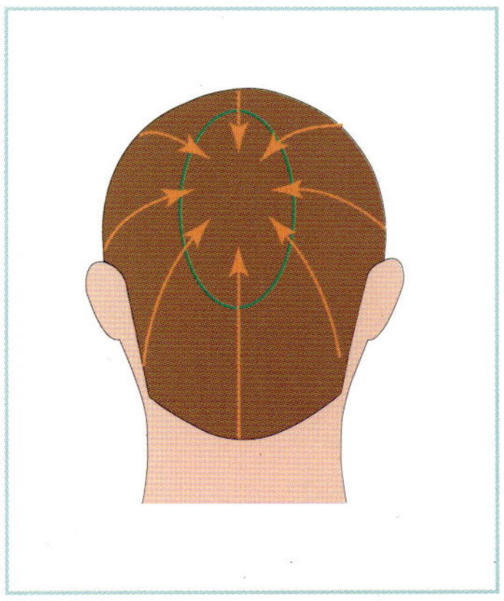

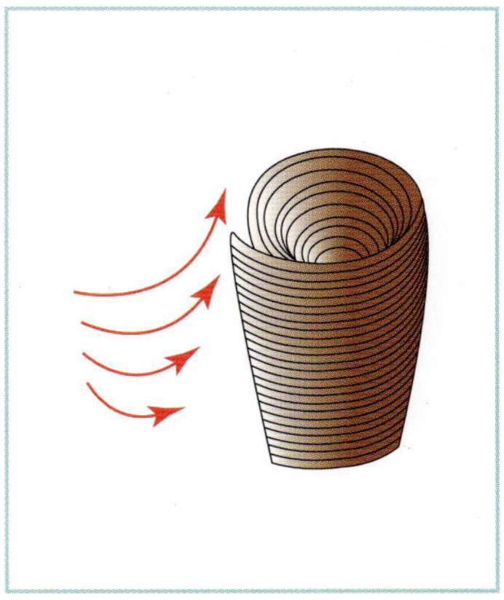

1. 셋팅을 하여 풀어둔다. 사이드, 크라운(crown), 백 부분에 전체적으로 백콤을 넣고 왼쪽 사이드에서 네이프 포인트까지의 모발을 업 쉐이핑(up sweeping)으로 빗질을 하여 보비 핀으로 수직피닝을 한다. 이때 매끄러운 표면을 위해 스타일링 스프레이를 사용한다.

1-1

1-2

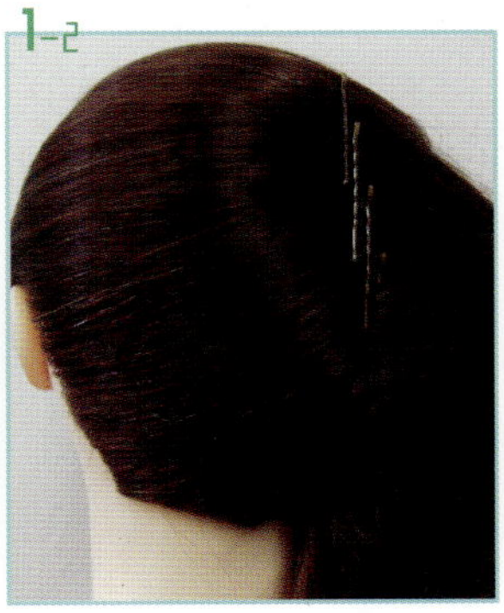

2. 오른쪽 모발을 탑 부분을 향해 업 쉐이핑으로 빗질을 하여 소라모양으로 틀어서 스타일링 스프레이를 분사하여 깨끗하게 빗질하여 고정시킨다.

2-1

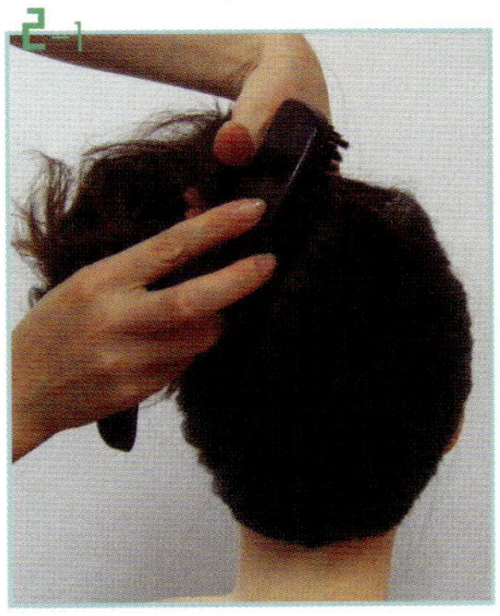

2-2

## 13. 소라형 버티컬 롤 스타일 응용

소라형 버티컬롤 업스타일의 단조로움을 오른쪽 사이드 부분에 웨이브를 만들어 더 우아하게 할 수 있다.

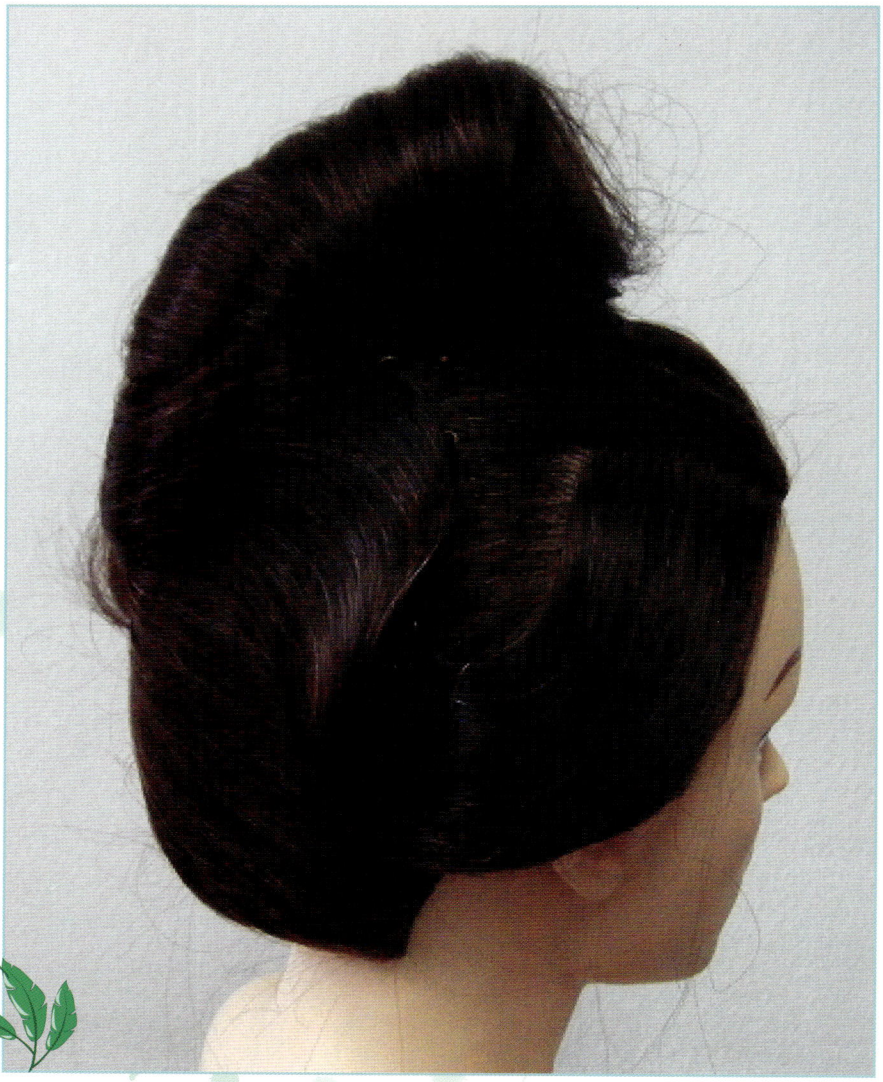

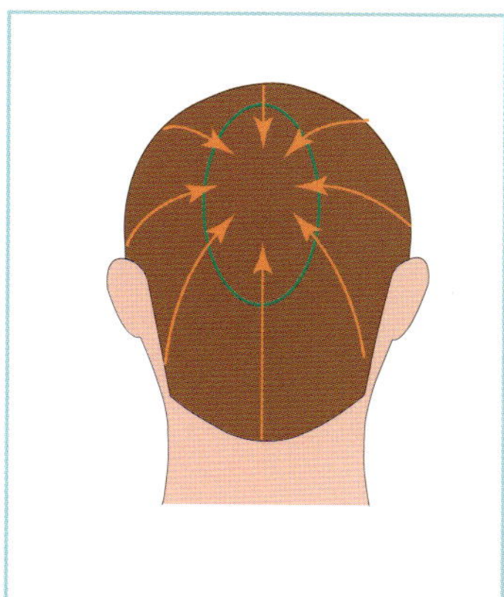

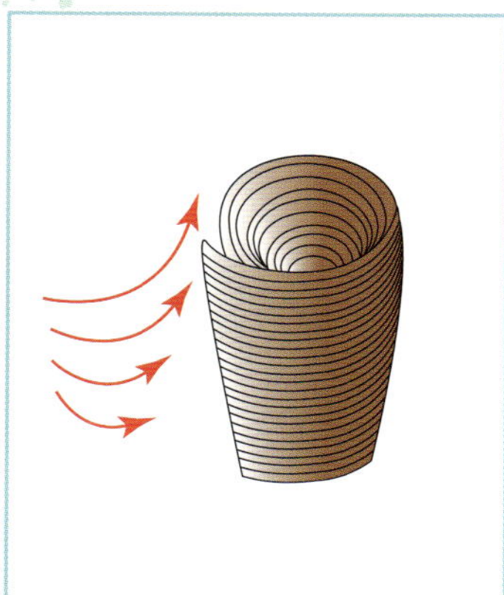

1. 셋팅을 하여 풀어둔다. 오른쪽 가르마로 하여 사이드, 크라운, 백 부분에 전체적으로 백콤을 넣고 왼쪽 사이드에서 네이프 포인트까지의 모발을 업 쉐이핑으로 빗질을 하여 실핀으로 수직피닝을 한다. 이때 매끄러운 표면을 위해 스타일링 스프레이를 사용한다. 이때 오른쪽 프론트 사이드 부분은 임시로 돌돌 말아 놓는다.

1-1

1-2

2. 오른쪽 프론트(front) 사이드 부분의 모발을 제외한 나머지 모발을 탑 부분을 향해 업 쉐이핑으로 빗질을 하여 소라모양으로 틀어서 스타일링 스프레이를 분사하여 깨끗하게 빗질하여 고정시킨다.

2-1

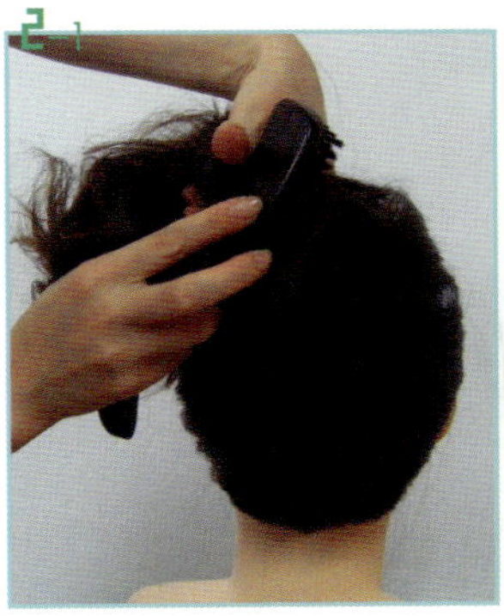

2-2

3. 오른쪽 이어파트의 모발을 핀셋으로 S웨이브를 형성시키기 위해 잡아준 후 보비핀, U핀을 사용하여 고정시킨다.

3-1

3-2

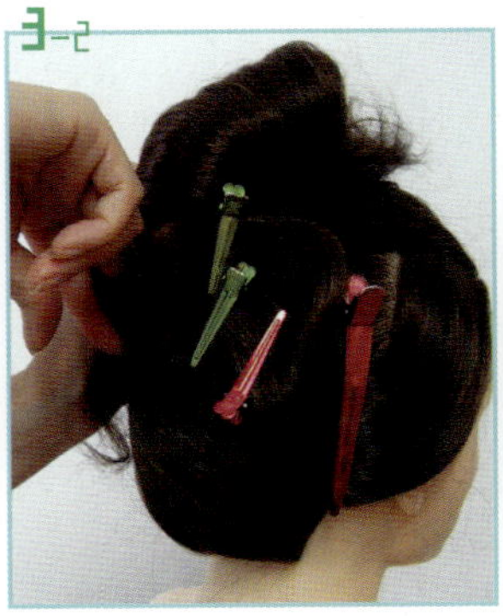

3-3

# 14. 응용 업스타일 1

짧은 모발에 헤어싱을 이용하여 롱 헤어의 업스타일과 동일하게 우아하고 여성스러운 스타일을 할 수 있다.

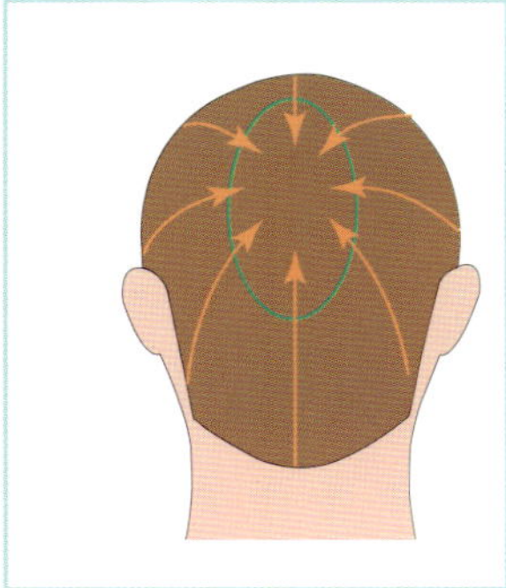

1. 셋팅을 한 후 5등분을 한다.

1-1

1-2

2. 골덴 부분에 소량의 모발을 2개의 고무줄을 엮어서 돌려 묶어 고정한다.
3. 묶은 부분의 위쪽에 헤어싱을 얹어 보비 핀으로 고정한다.
4. 왼쪽부분을 먼저 수직 90°로 백콤을 한다.

2

3

4

5. 백콤을 한 모발을 곱게 빗질하여 오른쪽을 향하여 골덴 부위 묶은 쪽으로 가져가 보비 핀으로 고정한다.
6. 오른쪽 부분의 모발을 백콤을 한다. 스타일링 스프레이를 분사한다.
7. 백콤을 한 모발을 곱게 빗어서 왼쪽을 향하여 골덴 부위 묶은 쪽으로 가져가 보비 핀으로 고정한다.

5

6

7

8. 왼쪽 이어파트 부분의 모발을 오른쪽을 향하여 골덴 부위 묶은 쪽으로 가져가 보비 핀으로 고정한다.

8-1

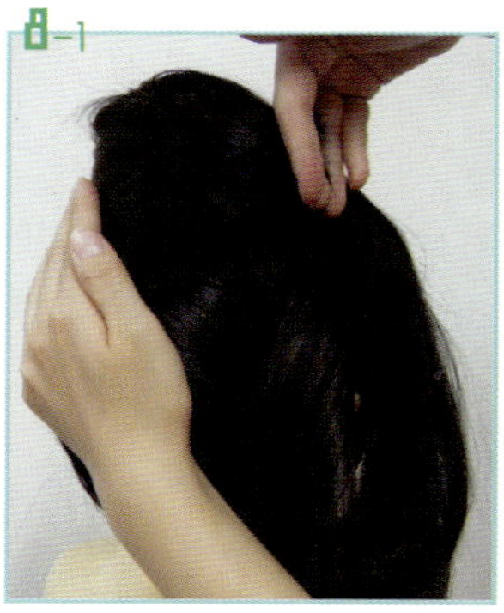

8-2

9. 오른쪽 이어파트 부분의 모발을 왼쪽을 향하여 빗질하여 골덴 부위 묶은 쪽으로 가져가 보비 핀으로 고정한다.
10. 골덴 포이트에서 포니테일 한 프론트쪽을 향하여 뱅을 만든다.

9

10

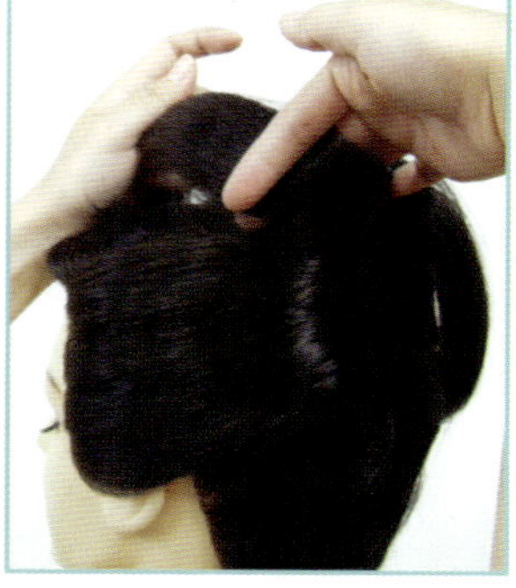

11. 프론트의 포니테일을 헤어싱 부위를 돌려 감싸준다.
12. 감싸준 후 백 부분에서 C형으로 고정한다.

11

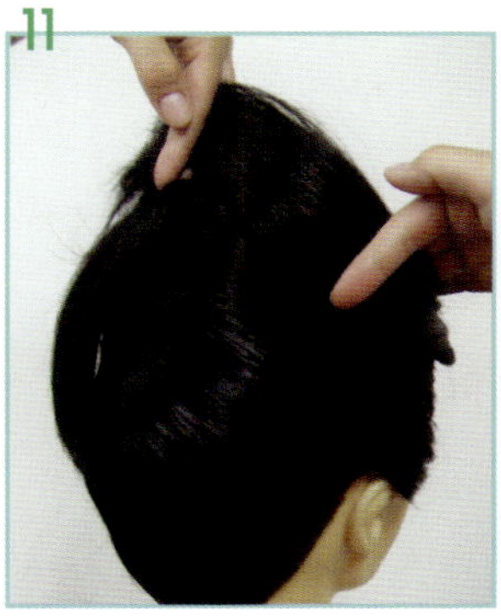

12

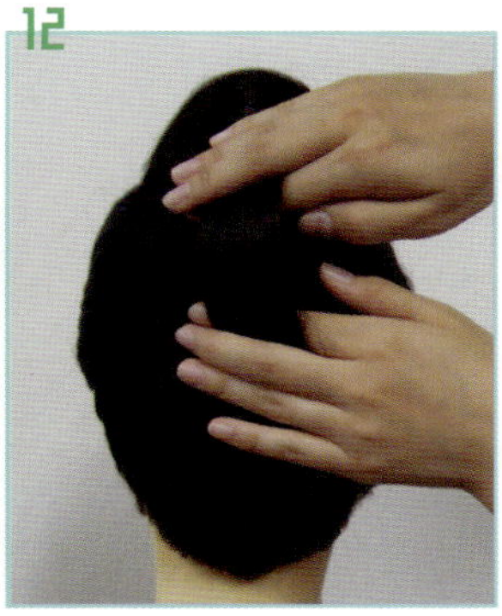

13. 미듐 길이의 모발로 심플한 업스타일을 완성한다.

13-1

13-2

13-3

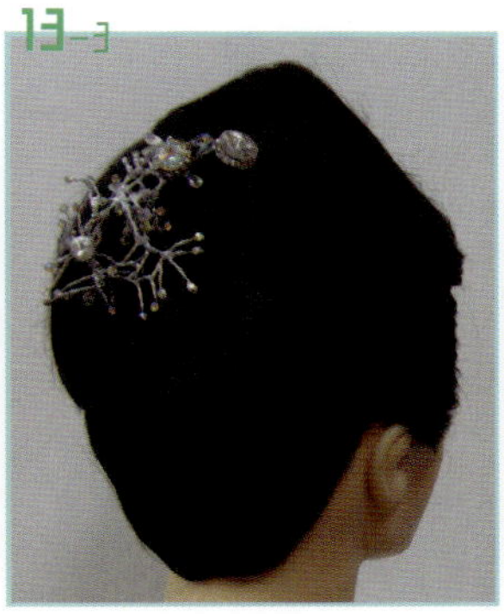

13-4

# 15. 응용 업스타일 2

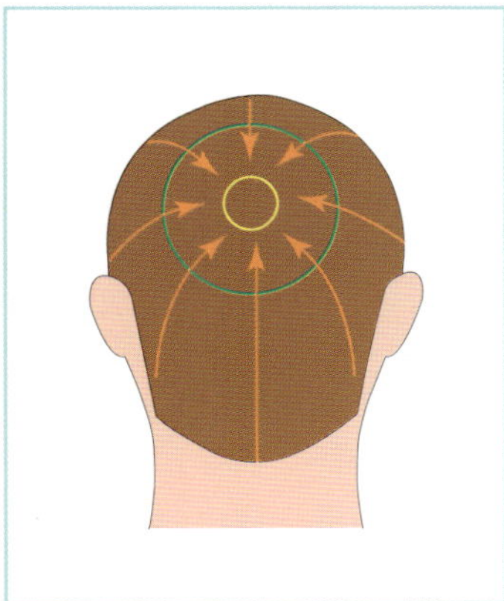

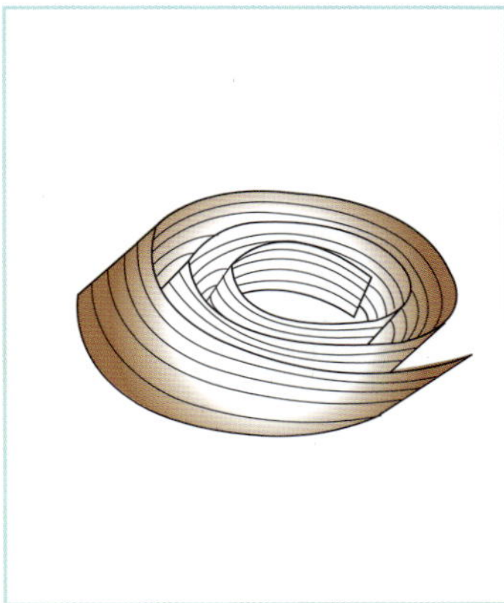

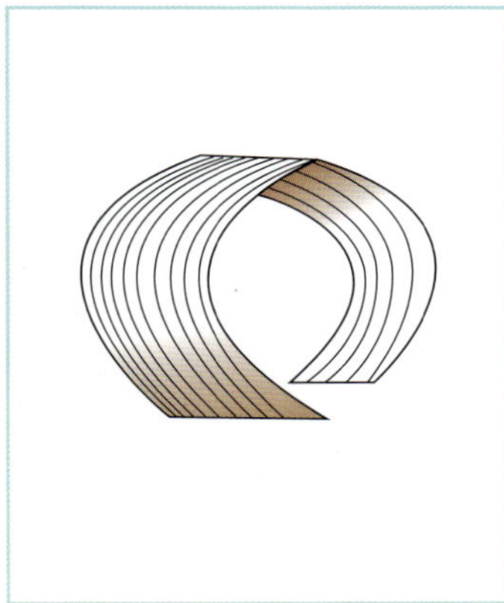

1. 셋팅을 한 후 7등분으로 블로킹 한다.

1

2. 프론트의 모발에 백콤을 살짝 넣고 스타일링 스프레이를 분사하여 곱게 빗질한 후 모델 얼굴 쪽에서 왼쪽으로 원을 그리듯이 돌리면서 C의 흐름으로 원형을 만들어 포인트를 주며 연출한다.

2-1

2-2

2-3

3. 오른쪽 프론트 사이드 모발을 곱게 빗질하여 백 포인트에 고정한다.
4. 왼쪽 프론트 사이드 모발을 곱게 빗질하여 백 포인트에 고정한다.

3
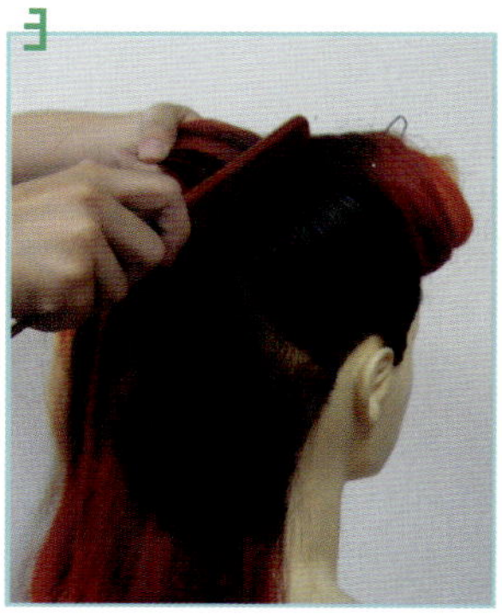
4

5. 백 포인트에 고정한 왼쪽 프론트 사이드 모발을 S흐름으로 웨이브를 연출한다. 이때 모발 끝은 프론트 부분의 원형과 연결한다.
6. 네이프 부분에 나누어 둔 오른쪽 사이드 포인트 모발을 골덴 포인트 쪽을 향해 빗질하여 고정시켜 둔다.

5
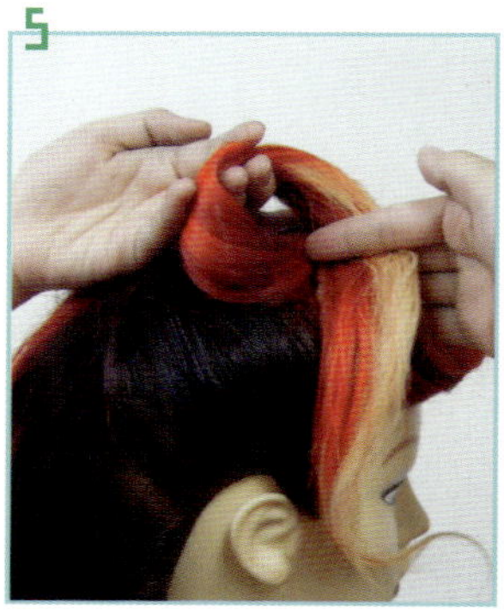
6

7. 네이프 부분의 나누어 둔 왼쪽 사이드 포인트 모발을 골덴 포인트쪽을 향해 빗질하여 고정시켜 둔다.
8. 네이프 포인트의 모발을 골덴 포인트를 향해 빗질한다.

7

8

9. 스프레이를 분무하여 깨끗하게 빗질 한 후 보비핀으로 고정한다.
10. 왼쪽 패널을 C형으로 자연스럽게 고정한다.

9

10-1

10-2

11. 6번의 고정시켜둔 패널을 왼쪼에서 오른쪽으로 향하여 S형의 흐름으로 조화롭게 한다.
12. 7번의 고정시켜둔 패널을 탑을 향하여 S형의 흐름으로 한다.

11

12

13. 8번의 고정시켜둔 포니테일을 네이프까지 S형의 흐름으로 하여 안정적인 구도로 업스타일을 완성한다.

13-1

13-2

14. 보비 핀으로 고정한다.

14

15. C형의 흐름과 S형 흐름의 조합으로 우아한 업스타일을 연출한다.

15-1

15-2

15-3

15-4

## 16. 응용 업스타일 3(매듭기법)

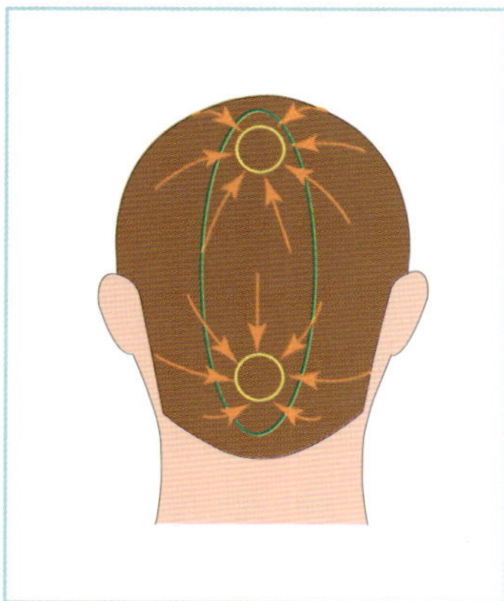

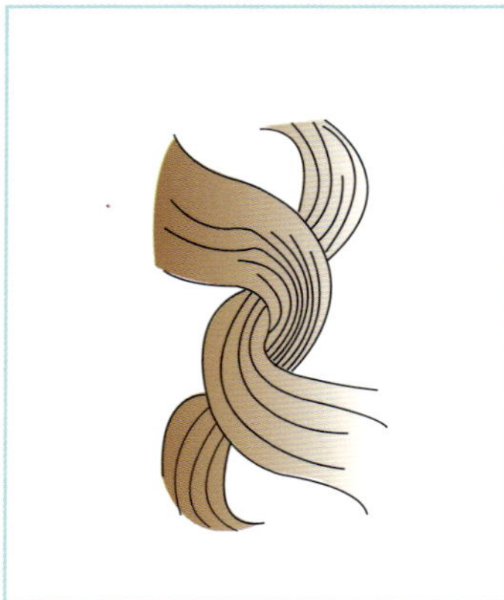

1. 이어 백 포인트(ear back point) 부분에서 다이애거널 포워드(diagonal forward) 섹션으로 골덴 포인트(golden point)에서 묶어둔다.
2. 나머지 모발은 백 포인트(back point)에서 곱게 빗질 하여 묶어둔다. 이때 2개의 고무줄을 엮은 후 보비 핀을 연결해서 고정한다.
3. 위의 포니테일을 아래 포니테일의 묶은 부분에서 돌려준다.

1

2

3

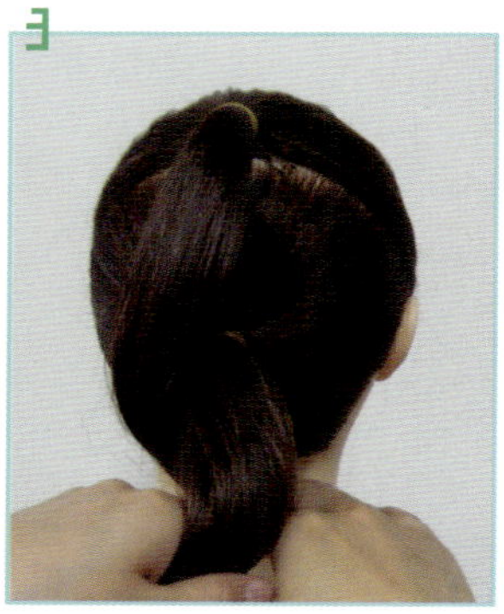

4. 돌려준 포니테일을 위의 포니테일 아래로 넣어준다.
5. 골덴 포인트의 묶어둔 부분에서 돌려준다.
6. 돌려중 후 보비핀으로 고정한다.
7. 백 포인트의 포니테일을 S형으로 돌려 골덴 포인트 부분에 고정한다.

4

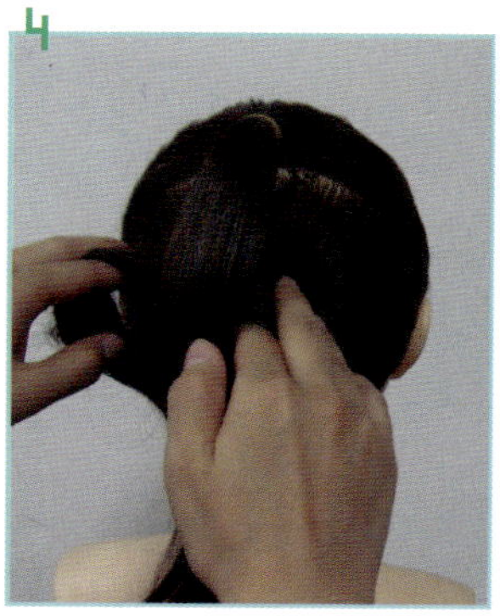

5

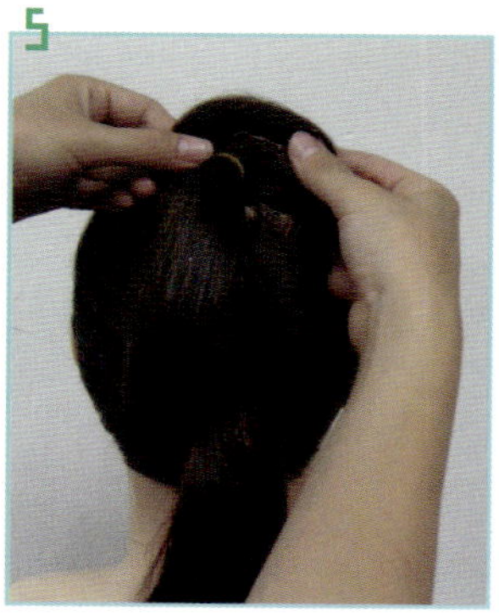

6

7

# 17. 응용 업스타일 4

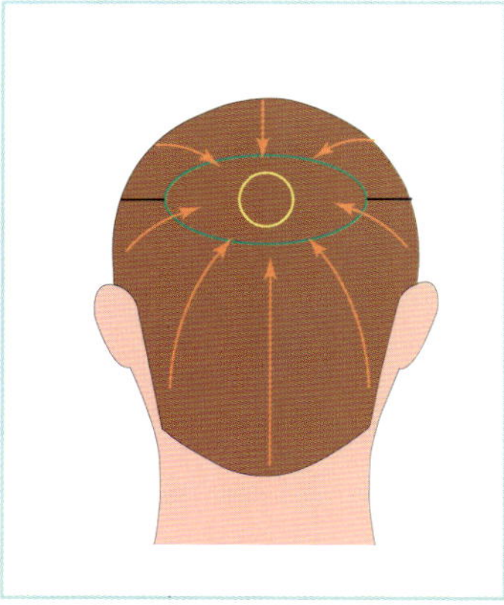

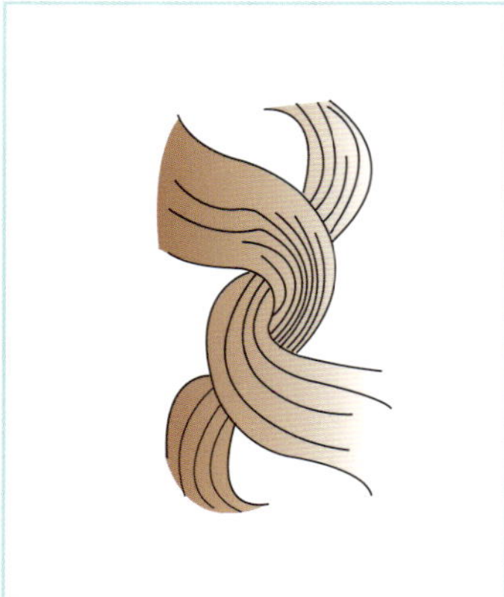

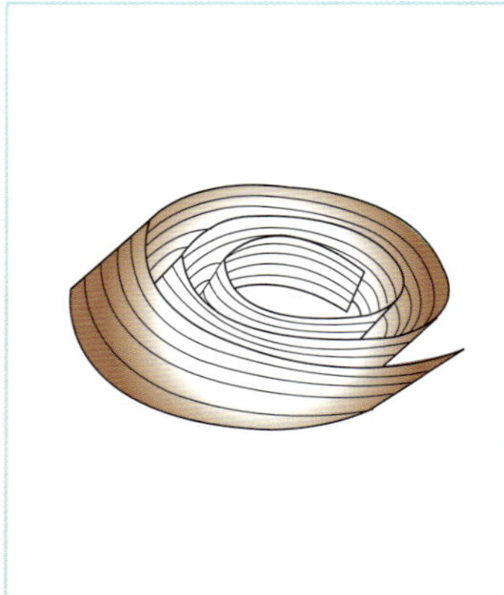

1. 골덴 포인트(golden point)와 탑 포인트(top point)에 하나의 포니테일로 묶는다. 이때, 소량의 짧은 모발로 돌려 묶는다.
2. 7가닥의 패널로 나누고 첫 번째 패널을 왼쪽에서 프론트 부분 쪽으로 가져와 S자 웨이브로 고정한다.

1

2

3. 두번째 패널을 S의 흐름으로 첫 번째 패널 옆으로 가져간다. 이때 패널은 약간의 백콤을 넣어 브러쉬로 곱게 빗질하여 준다.
4. 세번째 패널을 다시 오른쪽 첫 번째 옆으로 가져간다. 패널의 중간부분 부터 S의 흐름이 되도록 한다.

3

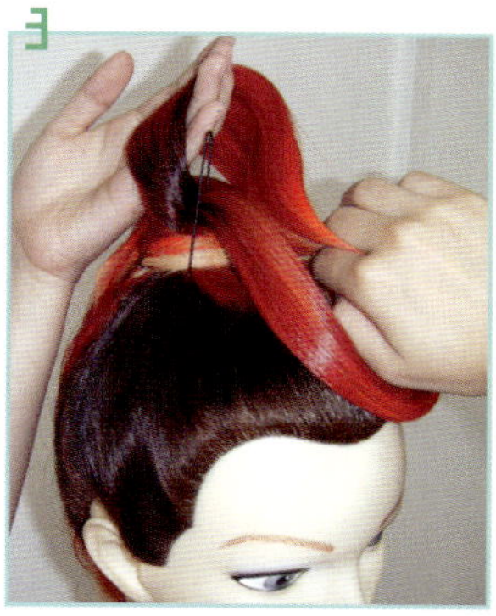

4

5. 다섯번째패널을 왼쪽으로 가져가서 C컬의 흐름이 되도록 한다.
6. 여섯번째 패널을 묶은 부위의 위에 S자 형으로 얹어 고정한다.

5

6

7. 일곱번째 패널을 약간의 공간을 두고 여섯 번째 포니테일 왼쪽 부분에 뱅을 만들어 고정한다.
8. 삼각구도로 헤어스타일을 완성한 후 액세서리로 장식을 하여 우아한 스타일을 완성한다.

7

8

## 18. 응용 업스타일 5

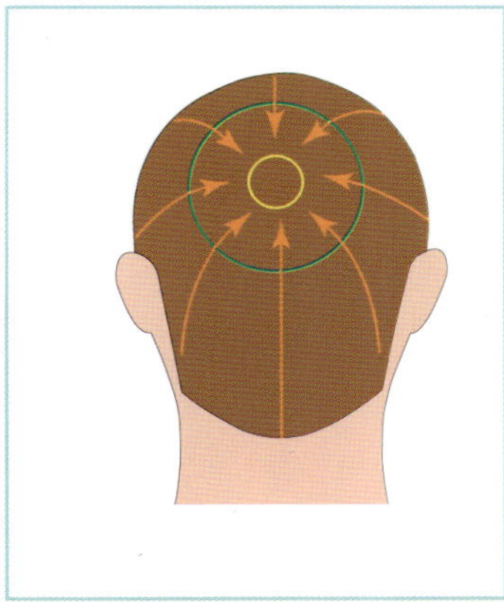

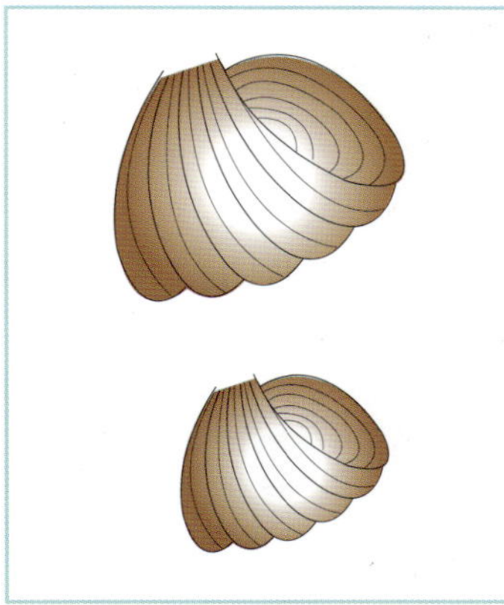

1. 아름다운 스타일을 연출하기 위해 전체적으로 셋팅을 한다.
2. 골덴 포인트를 향해 전체적으로 곱게 빗질한다.
3. 골덴 포인트에서 묶는다. 이때 고무줄은 두 개를 연결하여 보비 핀을 꽂아 사용한다.

1

2

3

4. 포니테일의 짧은 모발 소량을 고무줄이 보이지 않도록 돌려 고정한다.
5. 볼륨을 주기 위해 묶은 아래쪽에 헤어싱을 고정한다. 이때 헤어싱의 크기는 모량에 따라 조절하여 사용한다.
6. 묶은 포니테일을 전체적으로 백콤을 넣는다.

4

5

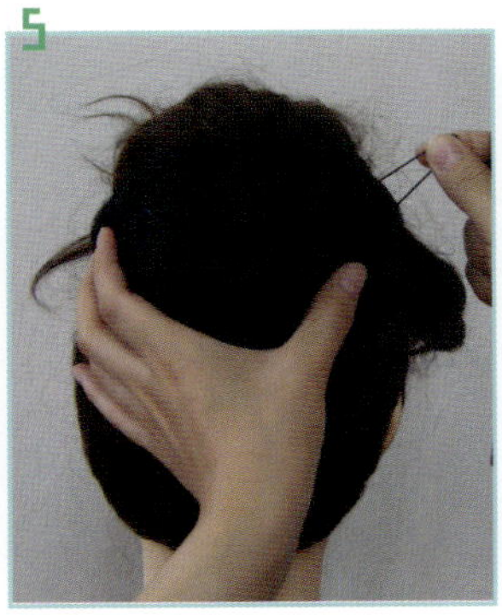

6

7. 백콤을 넣은 포니테일을 돈모 브러쉬로 곱게 빗질하여 볼륨감 있게 한다.
8. 네이프 부분에 포와드롤로 고정한다. 롤의 크기는 신체의 구조에 따라 조절한다.
9. 네이프 부분에 액세서리를 사용하여 우아한 스타일을 한다.

7

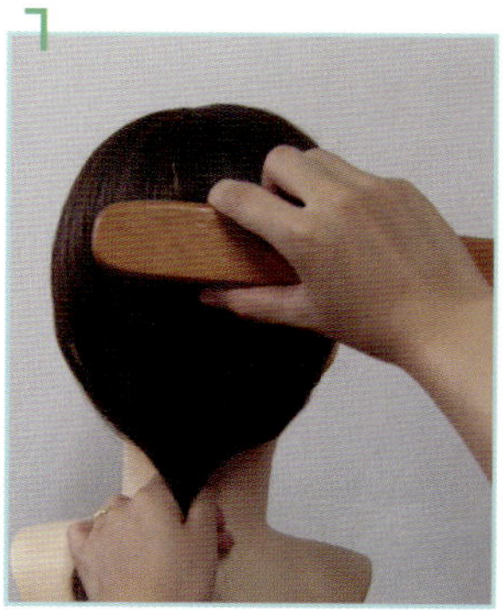

8

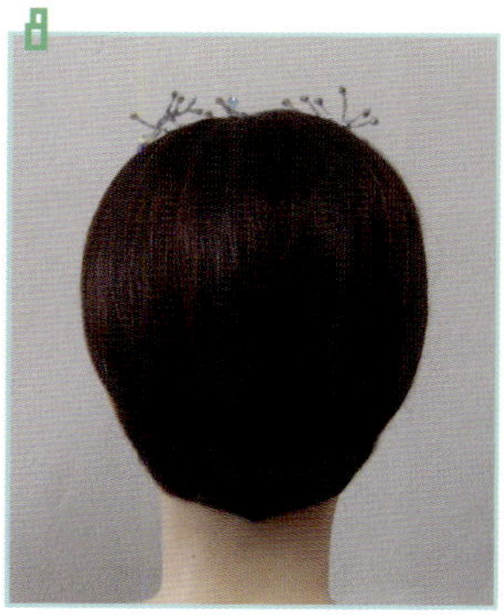

9

## 19. 응용 업스타일 6

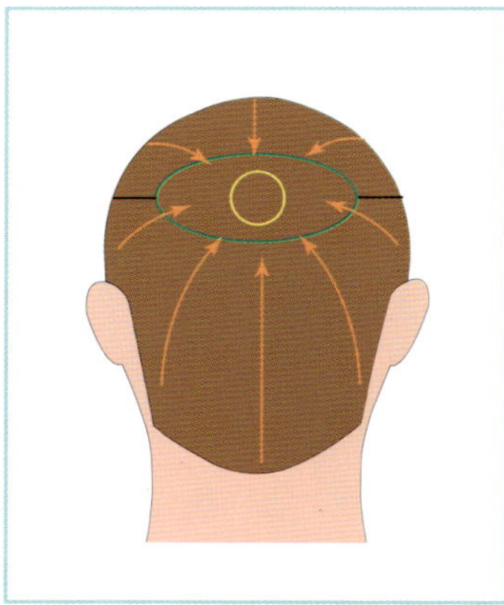

1. 모발 끝 부분에 셋팅 또는 C컬을 한다.
2. 전체적으로 곱게 빗질하여 골덴 포인트 부분에 묶는다. 포니테일의 짧은 모발 소량으로 고무줄이 보이지 않도록 돌려준다.
3. 보비핀에 모발 끝을 돌려, 묶은 부분에 고정한다.

1

2

3

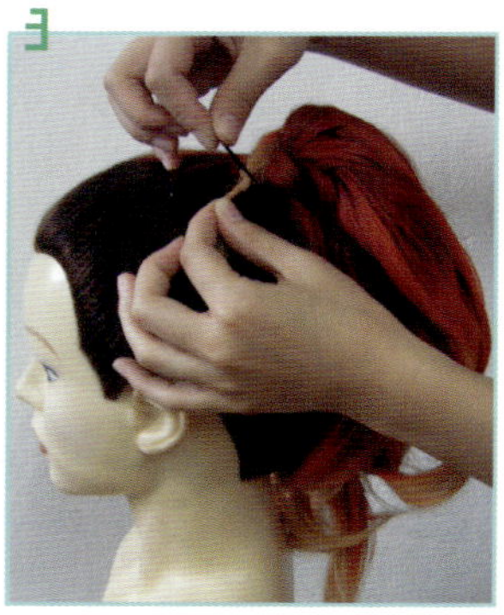

4. 7개의 패널로 나누어 첫 번째 패널을 모델 얼굴의 오른쪽 전두부를 향해 S의 흐름으로 돌린다.
5. S의 흐름으로 한 후 모발 길이의 1/2은 뱅으로 돌린다.
6. 작은 U핀으로 뱅을 고정한다.

4

5

6

7. 두 번째 패널을 뱅을 만든다.
8. 만든 뱅을 첫 번째 패널의 뱅과 같이 연결하여 탑 포인트 부분에서 고정한다.

7

8

9. 세 번째 패널을 S자의 흐름으로 자연스럽게 오른쪽에 잡아준다.
10. S의 흐름으로 한 후 모발 길이의 1/2은 뱅으로 돌려 고정한다.
11. 네 번째 패널을 뱅으로 만들어 왼쪽으로 가져간다.

9

10

11
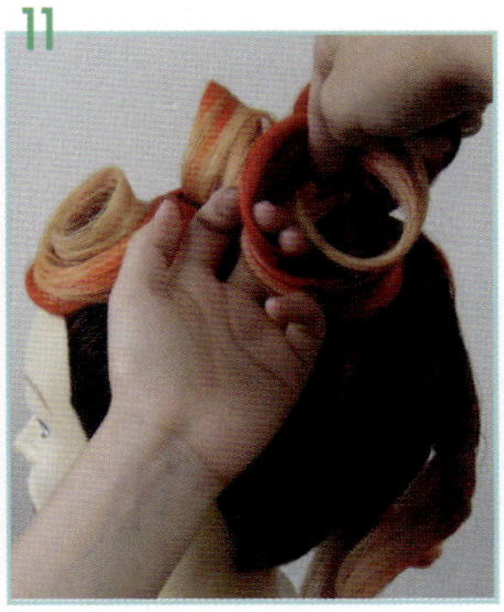

12. 뱅을 고정 시키기 위해 U핀으로 홈질하듯이 꽂아준다.
13. 다섯 번째 패널을 뱅을 만들어 오른쪽으로 가져간다.
14. U핀으로 고정 시켜둔다.

12

13

14

15. 여섯 번째 패널을 뱅을 만들어 왼쪽으로 가져간다. S의 흐름을 만들기 위해 모발 끝을 왼쪽을 향해 돌려준다.
16. 일곱 번째 패널을 빗질을 하여 뱅을 만들기 위한 방향을 잡아준다.

15

16

17. 방향을 잡은 모발을 작은 뱅을 만들어준다.
18. 나머지 모발을 S의 흐름으로 네이프에서 고정한다.
19. 완성된 헤어스타일에 액세서리로 포인트를 준다.

17

18

19

## 20. 응용 업스타일 7

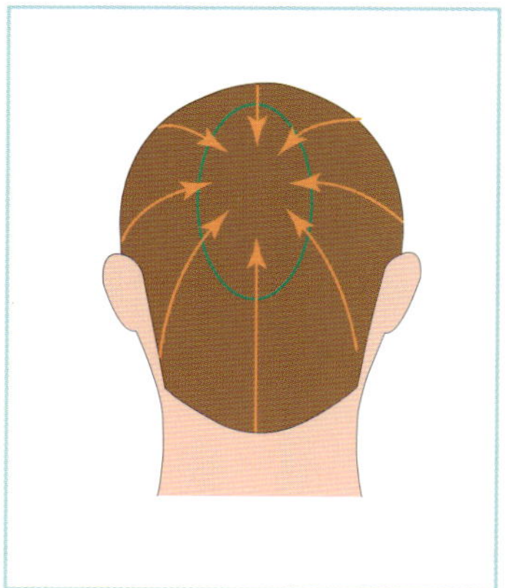

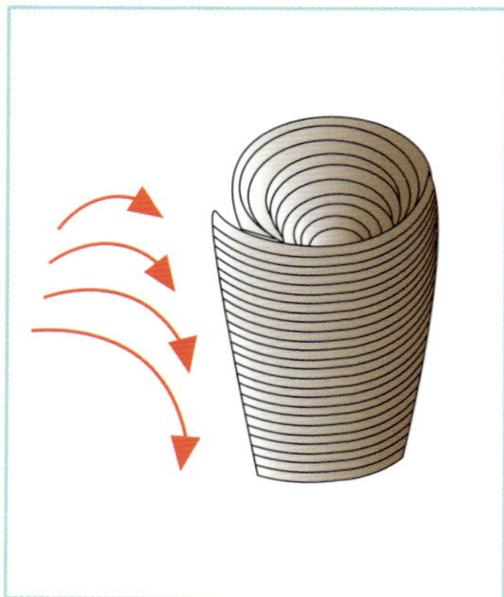

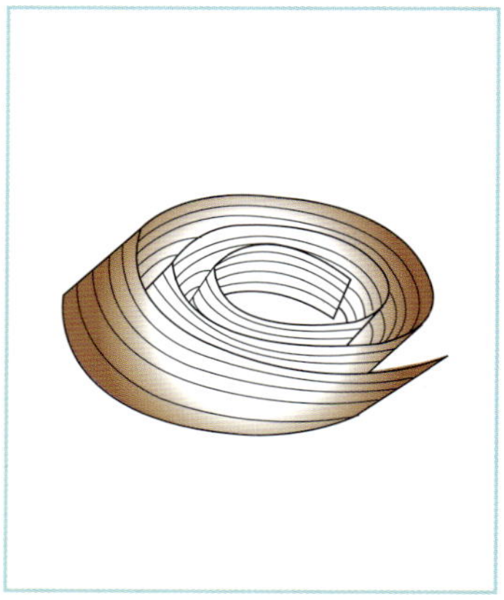

1. 셋팅을 모발을 전체적으로 곱게 빗는다.
2. 백 포인트를 향해 하나로 빗은 모발을 오른손 엄지를 안쪽으로 들어가게 해서 잡아준다.
3. 모발 끝이 네이프를 향하도록 하고 보비 핀으로 세로 롤의 아래를 고정한다.

1
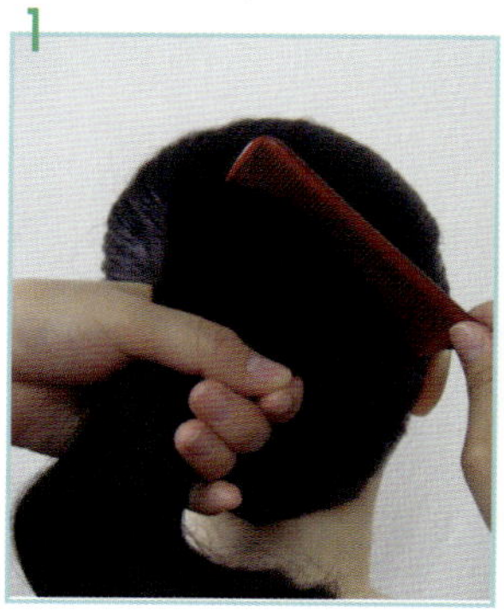

2
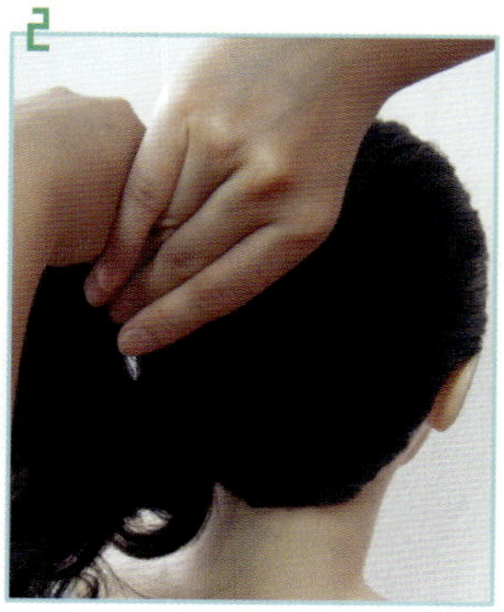

3

4. 대형 보비 핀으로 세로롤의 윗부분을 고정한다.
5. 다시 한 번 더 단단하게 고정한다.
6. 틀어서 고정한 후 남아 있는 모발을 세 등분으로 나누어 위쪽 첫 번째 등분의 모발로 뱅을 만들어 롤을 만든 위에 고정한다.

4

5
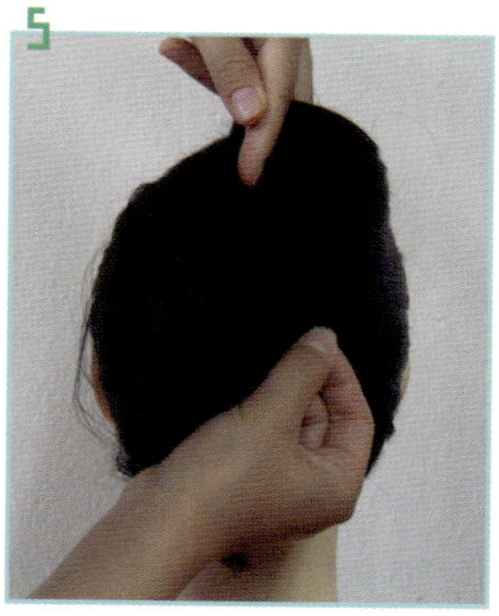

6

7. 두 번째 등분을 아래에서 위로 향하도록 뱅을 만들어 첫 번째 뱅과 연결되도록 한다.
8. 연결된 뱅을 보비핀과 U핀으로 고정한다.

7

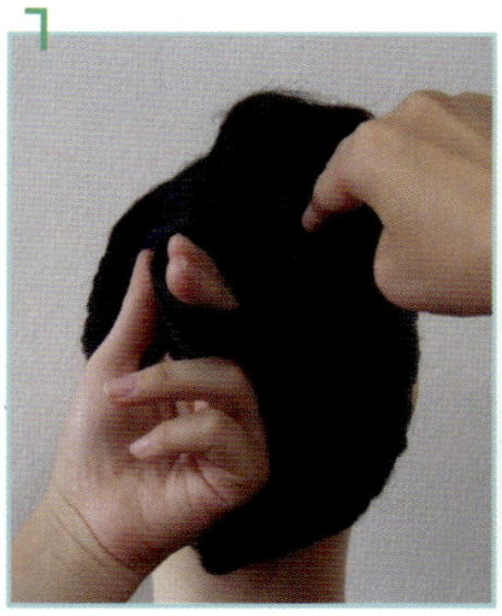

8

9. 마지막 등분의 모발은 모발 끝이 왼쪽을 향하도록 위의 뱅과 연결해서 S의 흐름이 되도록 한다.
10. 모발 끝을 U핀으로 고정한다.
11. 전체적으로 보비핀으로 뱅을 잡아주며 균형있는 업스타일을 완성한다.

9

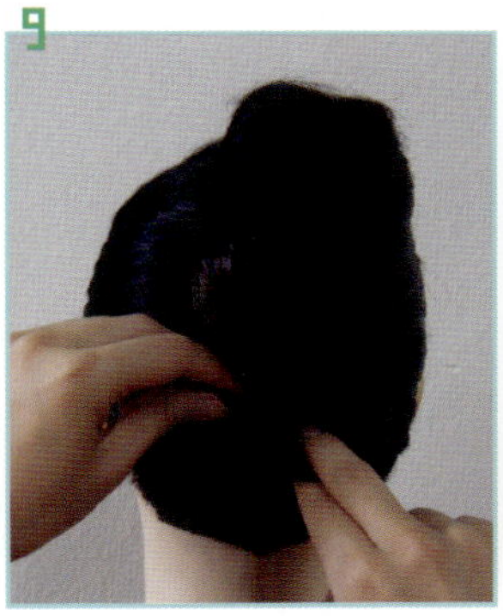

10

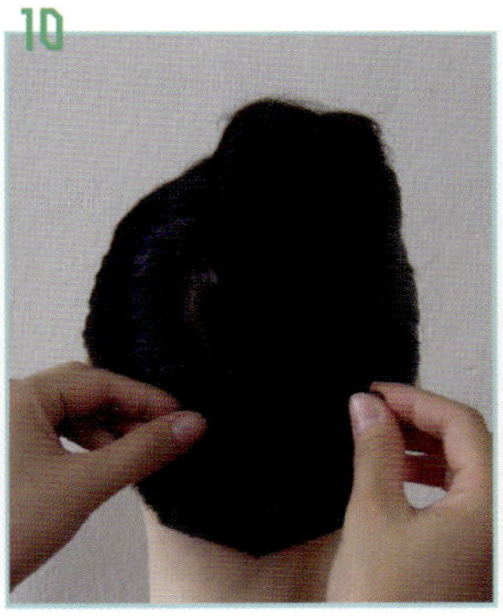

11

## 21. 응용 업스타일 8

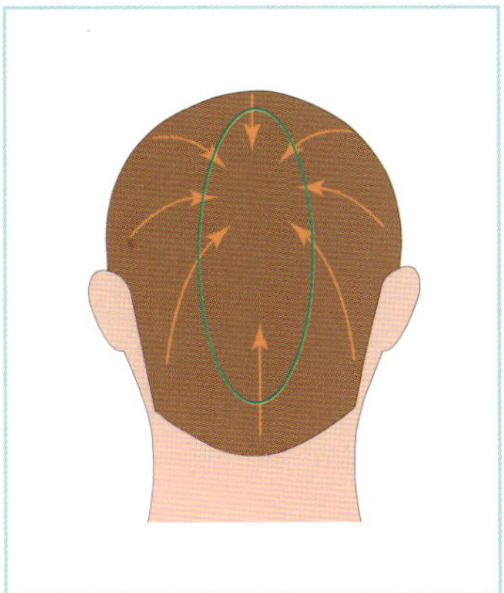

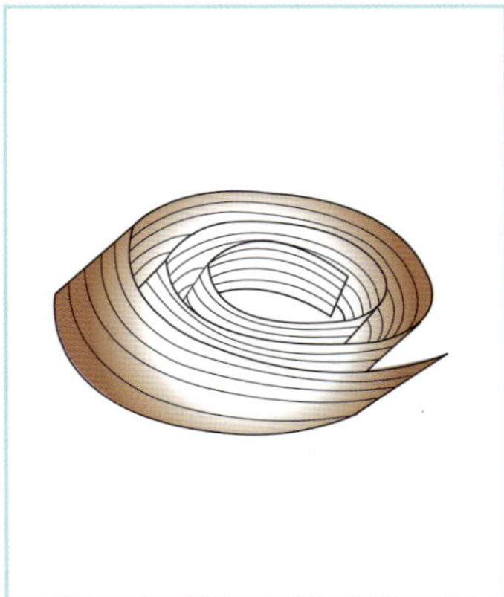

1. 토대를 만들기 위해 골덴 포인트 부분의 모발을 묶는다.
2. 투 이어 파트의 모발을 남겨두고 왼쪽부분의 모발을 토대를 향해 깨끗하게 빗는다.
3. 투 이어 파트의 모발을 남겨두고 오른쪽부분의 모발을 토대를 향해 깨끗하게 빗는다.

1

2

3

4. 나머지 후두부 모발을 토대를 향해 깨끗하게 빗는다.
5. 투이어 파트의 모발을 깨끗하게 하나로 빗질한다.
6. 빗질한 모발을 반 바퀴 정도 틀어서 고정하고 두개의 스트랜드로 나눈다(총 7개의 패널이 되도록 한다).

4

5

6

7. 오른쪽에 있는 두 번째 패널을 전두부를 향해 S흐름으로 가져간다.
8. 왼쪽의 패널을 C형의 흐름으로 잡아준다.
9. 원형을 만들어 U핀으로 임시 고정한다.

7
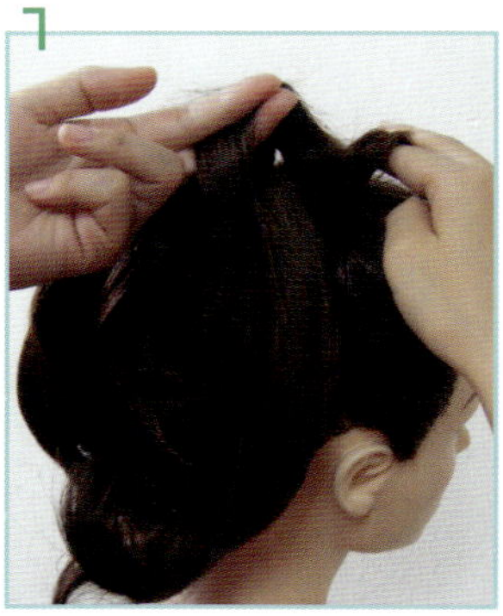

8

9

10. 오른쪽에 남아있는 한 개의 패널을 전두부의 오른쪽 사이드 부분으로 향하도록 C형으로 돌린다.
11. 왼쪽에 남아있던 하나의 패널을 왼쪽방향으로 둥글게 만든다.
12. 왼쪽의 나머지 패널을 골덴 포인트를 향해 C형으로 돌린다.

10

11

12

13. 백부분에 있는 3개의 패널 중 오른쪽 하나의 패널을 왼쪽, 오른쪽의 원형 뱅 중간으로 향하도록 C형으로 돌려준다.

13-1

13-2

14. 모발 끝이 왼쪽을 향하도록 원형으로 돌려준다.
15. 위의 패널을 돌려 오른쪽에 모발 끝을 Z형으로 임시 고정한다.

14

15

16. 백부분에 남아있던 왼쪽 하나의 패널 모발 끝을 시계방향으로 C의 흐름으로 한다.
17. 위의 C의 흐름에 U핀으로 임시 고정한다.

16

17

18. 백부분에 있던 나머지 패널을 시계반대방향으로 C의 흐름으로 돌려준다.
19. U핀으로 고정시켜준다.
20. 아름다운 업스타일로 완성한다.

18

19

20

## 22. 응용 업스타일 9(시니온)

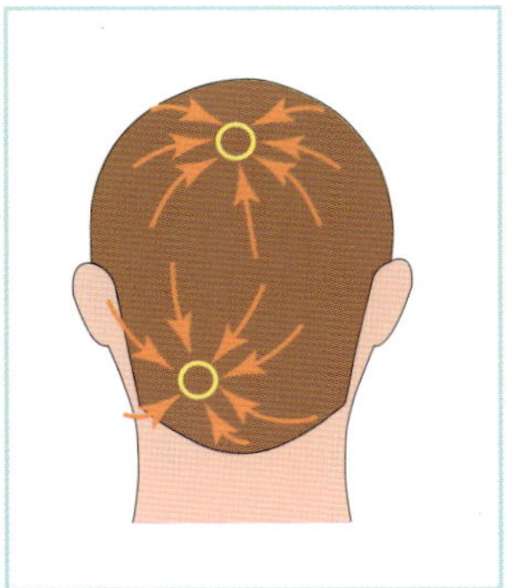

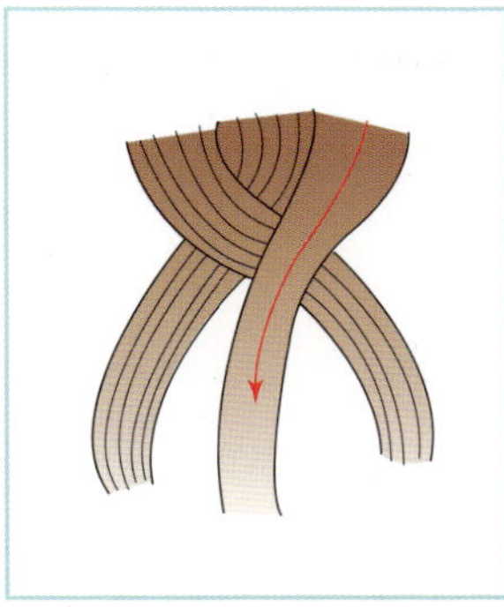

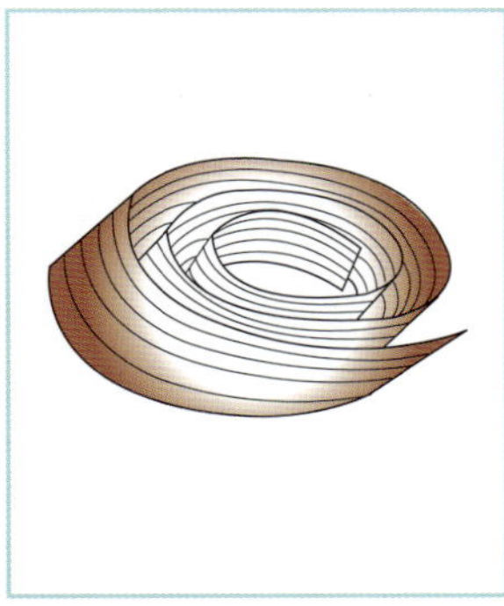

1. 투 이어 파트의 모발을 깨끗하게 빗질한다.
2. 왼쪽 전두부에 묶어준다.
3. 오른쪽과 왼쪽의 이어백 부분의 소량의 모발을 남겨두고 왼쪽 네이프 코너 부분으로 깨끗하게 빗질을 한다. 이때 스프레이를 약간 뿌려준다.

4. 왼쪽 네이프 코너에서 묶어준다.
5. 백 부분의 오른쪽 모발을 전두부의 포니테일 부분으로 향하게 빗질을 한다.
6. 백 부분의 왼쪽 모발을 전두부의 포니테일 부분으로 향하게 빗질을 한다.

7. 전두부의 포니테일을 4개의 패널로 나누어 첫 번째 패널을 시계 반대방향으로 돌려 방향을 잡는다. 땋을 패널은 왁스를 발라 놓는다.
8. 방향을 잡아 놓은 패널을 U핀으로 임시 고정한다.

7

8

9. 두 번째 패널을 시계 방향으로 돌린다.
10 세 번째 패널을 시계반대방향으로 돌려 중심에 얹는다.
11. 세 개의 원형을 만들고 남은 모발 끝을 모아서 하나의 원형을 만들어 U핀으로 임시 고정한다.

9

10
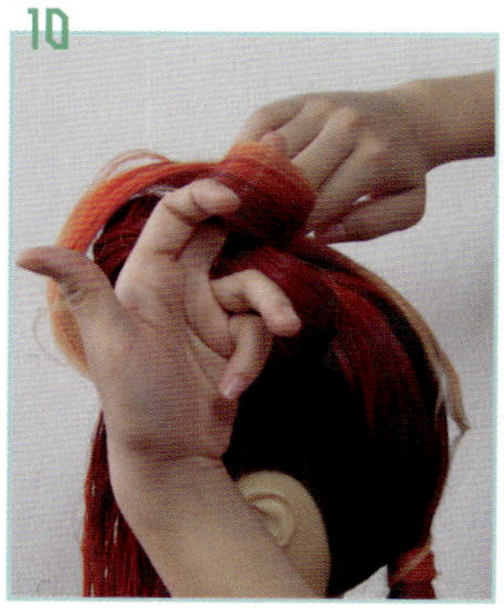
11

12. 왁스를 바른 패널을 적당량씩 갈라 여러 개의 줄을 만들어 놓고 땋아간다.
13. 계속 줄을 연결하면서 땋아 내려간다.
14. 땋은 모발의 바깥 부분을 잡아당기면서 라운드형을 만들어 고정한다.

12

13

14

15. 오른쪽에 세 개의 라운드형의 땋은 머리를 만들기 위해 나머지를 같은 방법으로 땋아 형을 잡아준다.
16. 왼쪽의 땋은 라운드형을 만들기 위해 세 가닥을 먼저 땋는다.

15
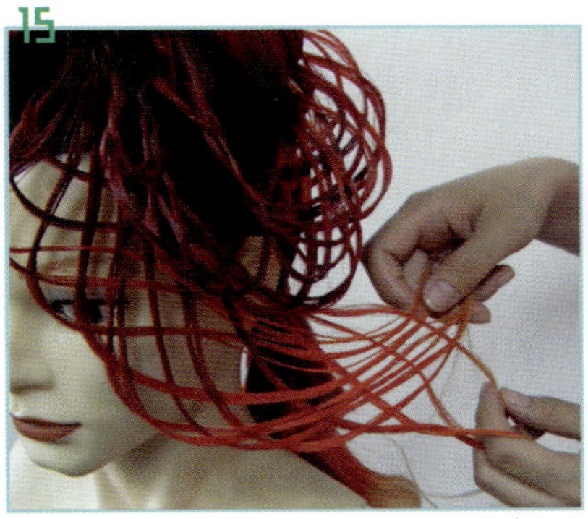

16

17. 계속 연결하면서 바구니 땋기 형으로 땋아 내려간다.
18. 땋은 모발의 바깥부분을 당겨주며 라운드형으로 만들어 준다.
19. U핀으로 임시 고정한다.

17

18

19

20. 네이프의 포니테일도 네 개의 패널로 나누어 첫 번째 패널을 시계방향으로 C형으로 돌린다.
21. 이때 모발 끝은 두정부를 향해 큰 C의 흐름으로 한다.
22. U핀으로 임시 고정한다.

20

21

22

23. 두 번째 패널을 시계방향으로 C형으로 돌린다.
24. 이때 모발 끝은 두정부를 향해 큰 C의 흐름으로 한다.
25. 첫 번째 C형과 공간을 두고 U핀으로 임시 고정한다.

23

24

25

26. 세 번째 패널의 면을 깨끗하게 빗질하여 시계방향으로 잡아준다.
27. C형으로 돌린다.
28. 두 번째 C형과 공간을 두고 U핀으로 임시 고정한다.

26
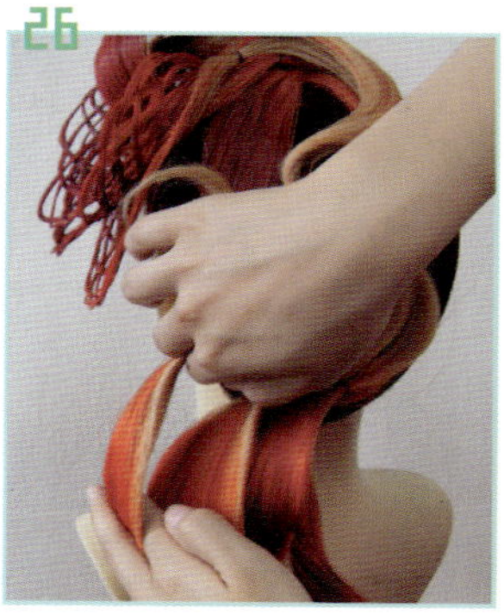

27

28

29. 마지막 패널을 완전히 한 바퀴를  돌려 첫 번째 C형 안쪽으로 넣어준다.
30. U핀과 보비핀으로 고정 시켜준다.
31. 액세서리로 장식하여 시뇽 스타일을 완성한다.

29

30

31

## 23. 응용 업스타일 10(시니온)

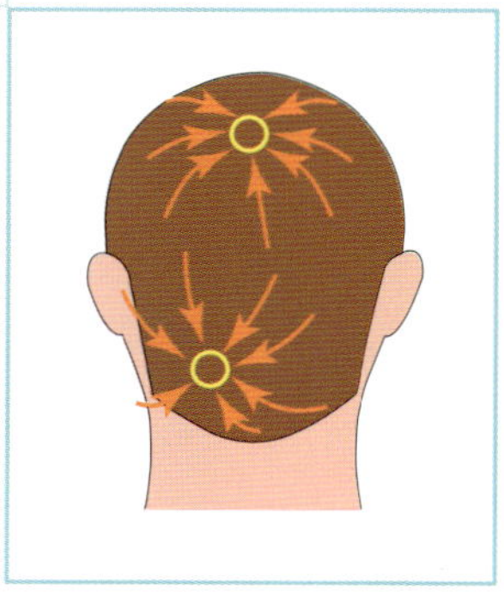
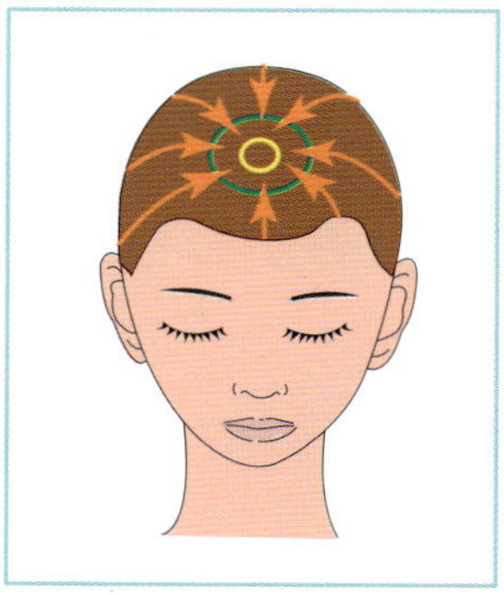
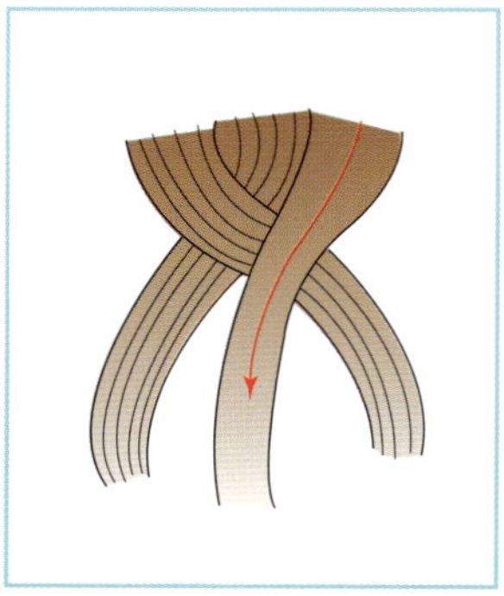
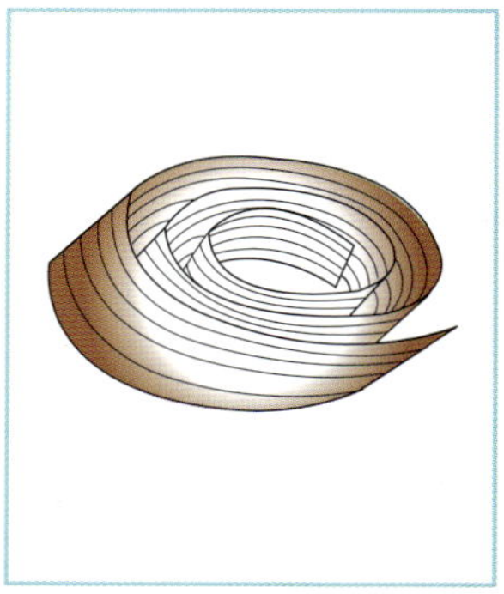

1. 모발 끝 부분에 셋팅 또는 C컬을 한 후 왼쪽 이어 백 포인트 부분에서 왼쪽 가르마 부분의 모발을 함께 빗질한다.
2. 프론트 사이드 포인트(front side point) 부분에 묶어서 소량의 모발로 고무줄이 보이지 않도록 돌려준다.

1
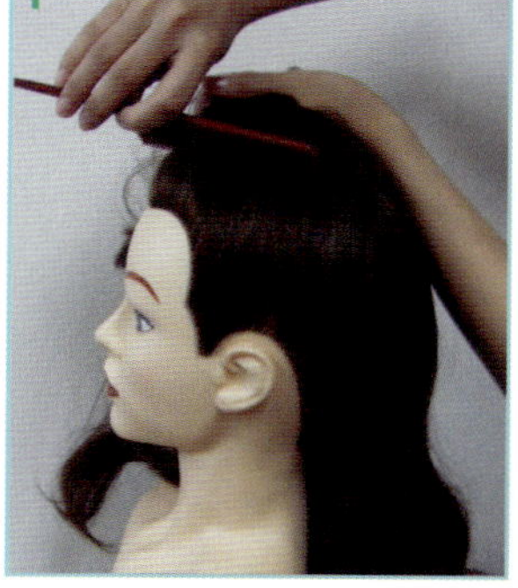
2

3. 오른쪽 프론트 사이드 부분의 모발을 남기고 나머지 모발을 왼쪽 네이프 사이드 (left nape side)부분으로 빗질한다.
4. 왼쪽 네이프 사이드부분에서 묶어준다.
5. 오른쪽 프론트 사이드 부분의 모발을 깨끗이 빗질한다.

3
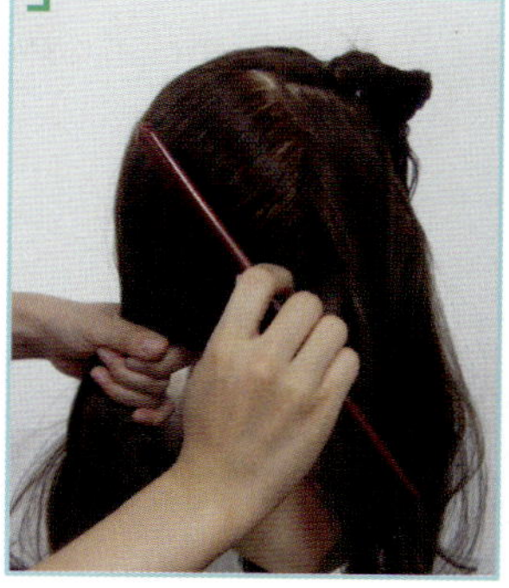
4
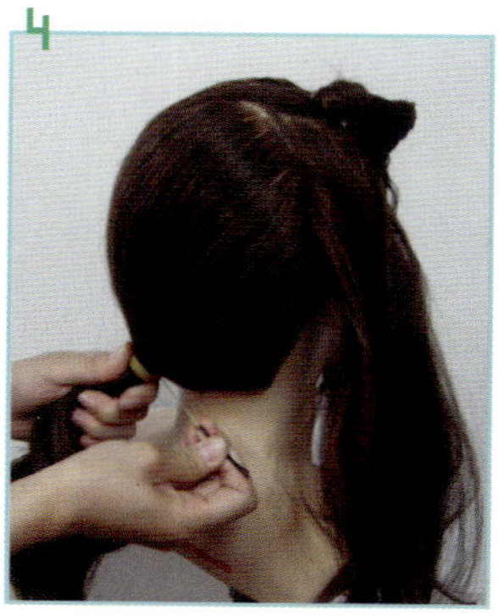
5

6. S의 흐름으로 하기 위해  탑 부분에서 잡아주고 보비 핀으로 고정한다.
7. 남은 모발을 네이프로 향하도록 한다.

6

7

8. 모발 끝으로 네이프의 묶은 부분의 고무줄이 보이지 않도록 돌려 고정한다.
9. 프론트 사이드 포인트 부분에 묶은 포니테일을 4개의 패널로 나누어 첫 번째 패널을 뱅을 만들면서 모발 끝은 왼쪽으로 가도록 한다. 이때 왼쪽은 디자이너가 얼굴 앞쪽으로 있을 경우이다.

8

9

10. 첫 번째 뱅을 U핀으로 잡아 준다.
11. 두 번째 패널을 다시 뱅을 만들기 위해 방향을 잡아준다.
12. 세 번째 패널을 다시 뱅을 만들기 위해 두 번째 뱅과의 약간의 공간을 두고 방향을 잡아준다.

10

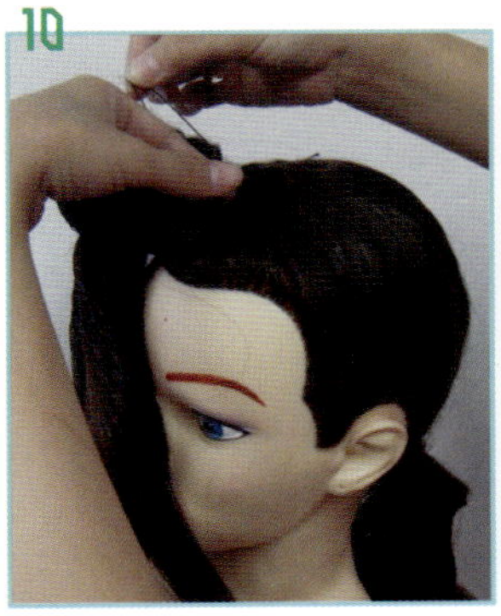

11

12

13. 세 번째 뱅을 U핀으로 잡아 준다.
14. 네 번째 패널을 왁스를 바르고 소량씩 갈라서 바구니 땋기 방법으로 땋아서 모양을 만들어 준다.

13

14

15. 고정 시킬 방향으로 땋은 모발을 틀어주면서 한올 씩 빼준다.
16. 모발 끝이 왼쪽으로 향하도록 돌려서 U핀을 잡아준다.
17. 세 개의 뱅을 만들고 남은 모발과 땋아서 돌리고 남은 모발을 함께 U핀으로 잡아준다.

15

16

17

18. 17번의 남은 모발을 합쳐서 뱅을 만들고 남은 모발 끝이 위로 향하도록 세워준다.
19. 네이프 부분의 묶은 모발을 4개의 패널로 나누어 첫 번째 패널의 방향을 잡아준다. 모발 끝이 왼쪽을 향하도록 돌려준다.

18

19

20. 첫 번째 패널을 U핀으로 잡아 준다.
21. 두 번째 패널의 방향을 시계 반대방향으로 잡아준다.
22. 첫 번째의 C라인 위에 공간을 약간 두고 검지와 중지로 패널을 잡고 돌려준다.

20

21

22

23. 임시로 U핀으로 잡아준다.
24. 세 번째 패널을 시계반대방향으로 돌려서 두 번째 패널에 공간을 두고 타원형으로 돌린다.
25. U핀으로 임시로 고정한다.

23

24

25

26. 네 번째 패널을 스프레이를 분사하여 면을 고르게 한 후 시계방향으로 돌린다.
27. 네 개의 C라인을 만들고 난 후 모발 끝은 위로 향하도록 손질한다.
28. 액세서리로 마무리 한다.

26

27

28

# 24. 응용 업스타일 11(시니온)

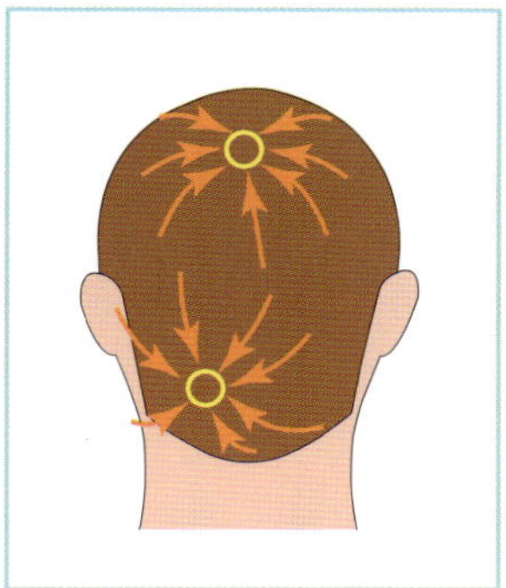

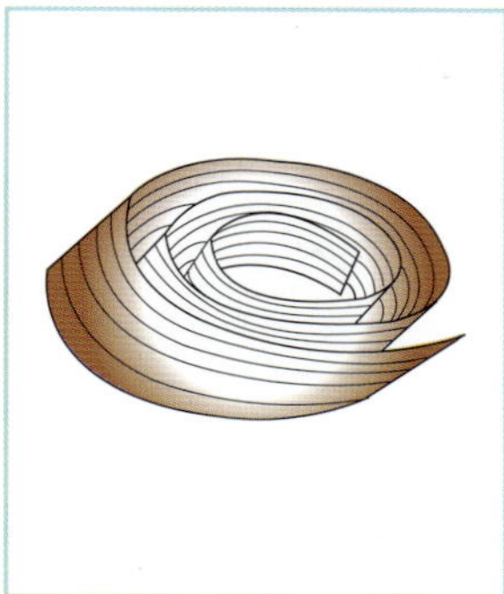

1. 투 이어 파트로 나누어 놓고 후두부 모발을 깨끗하게 빗질한다.
2. 왼쪽 네이프 코너에 묶어 포니테일을 완성한다.
3. 왼쪽 프론트 사이드 부분의 모발을 오른쪽 프론트를 향해 깨끗이 빗질한다.

1

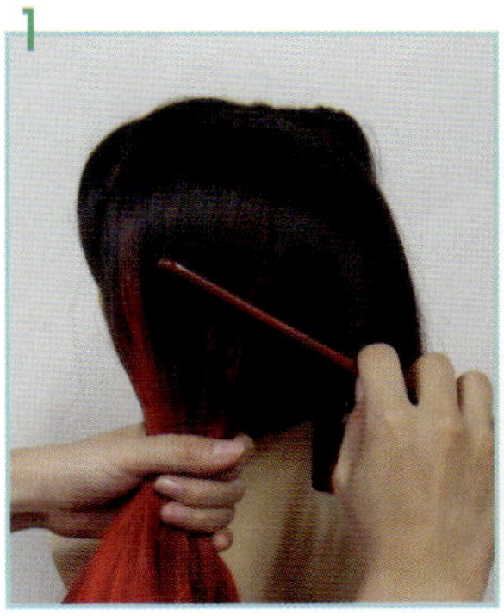

2

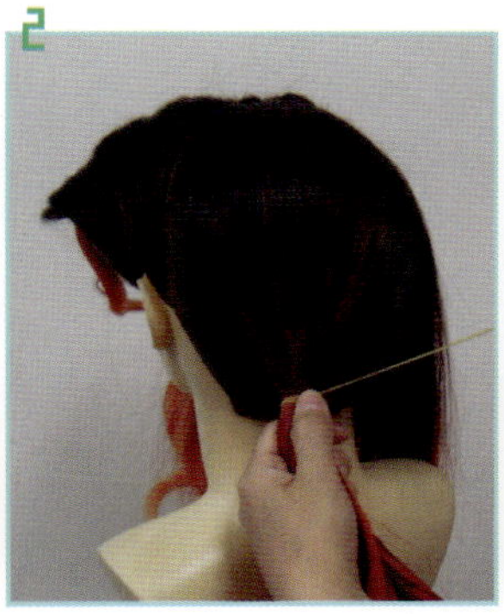

3

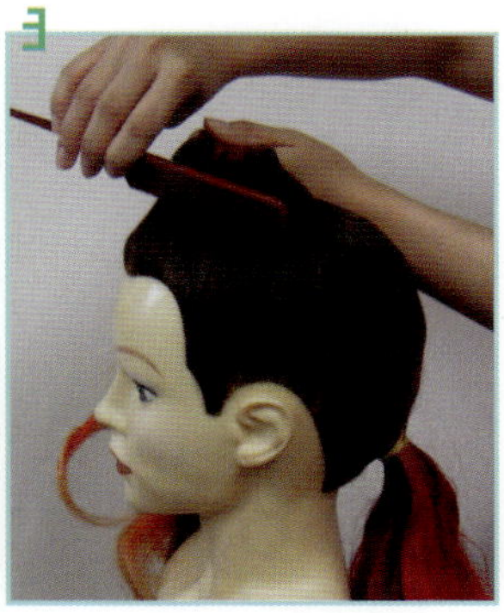

4. 전두부의 오른쪽 프론트 사이드 포인트 부분에 고정한다.
5. 오른쪽 프론트 사이트 부분의 남아있던 모발을 깨끗하게 빗질한다.
6. 빗질한 모발을 프론트의 포니테일에서 고정하고 백 포인트를 지나 네이프의 포니테일로 향한다.

4

5

6

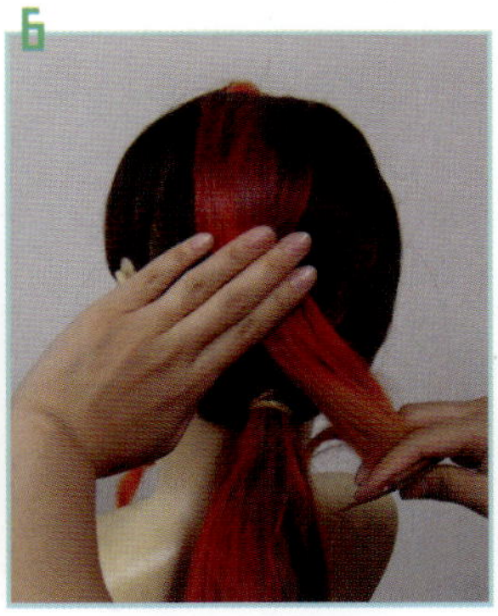

7. 네이프의 포니테일에 감아 돌려 고정한다.
8. 전두부의 포니테일을 세 개의 패널로 나누고 하나의 패널을 시계반대방향으로 돌려준다. 이때 모발의 끝은 왼쪽을 향하게 한다.

7

8

9. U핀으로 임시 고정한다.
10. 두 번째 패널도 같은 방향으로 돌려준다.
11. U핀으로 첫 번째의 원형과 공간을 두고 임시 고정한다.

9

10

11

12. 세 번째 패널을 같은 방향으로 원을 그린다.
13. U핀으로 두 번째의 원형과 공간을 두고 임시 고정한다.
14. 세 개의 원형을 만들고 남은 모발의 1/2을 함께 시계방향으로 원형을 만든다.

12

13

14

15. 원형을 만들어 핀으로 고정한다.
16. 원형을 만들고 남은 모발 끝을 세워준다.

15

16

17. 후두부의 포니테일을 다섯 개의 패널로 나누어 첫 번째 패널을 시계반대방향으로 돌린다.
18. 시계방향으로 원형을 만들어 U핀으로 임시 고정한다.
19. 두 번째 패널을 시계방향으로 첫 번째 원형과의 공간을 두고 원형으로 들려 고정한다.

17

18

19

20 세 번째 패널을 같은 방향으로 공간을 두고 잡아준다.
21. 포니테일의 묶은 부분을 향해 세 번째의 원형을 고정한다.
22. 네 번째 패널을 세 번째의 원형과 공간을 두고 시계방향으로 잡아준다.

20

21

22

23. 검지와 중지로 패널을 잡고 원형으로 돌려 세 번째의 원형과 약간의 공간을 두고 포니테일의 묶은 부분에 고정한다.
24. 핀으로 고정한다.
25. 원형을 만들고 남은 모발 끝으로 C형의 흐름을 만든다.

23

24

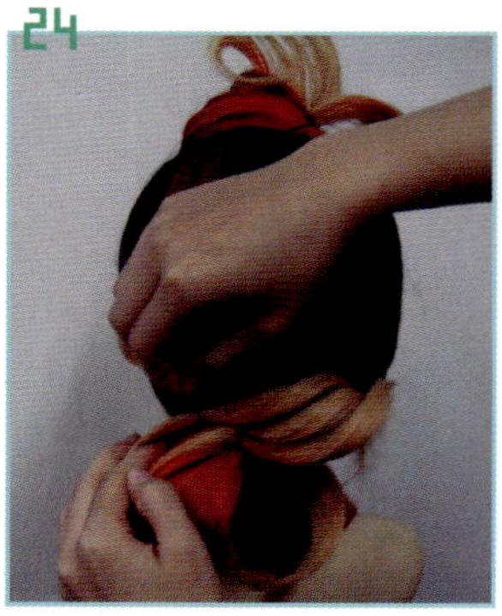

25

26. 마지막 다섯 번째 패널을 바구니 땋기를 한다.
27. 바구니 땋기를 하여 원형으로 돌려 고정한다.
28. 완성하여 액세서리로 꾸며 비대칭 시니온 스타일을 완성한다.

26

27

28

# 7 고전머리의 실제

# 고전머리의 실제

## 1. 고전머리 장식

### 1) 첩 지

첩지는 머리에 치장을 하기 위한 장신구로 장식문양과 형태, 재료에 따라 신분을 나타내기도 하였다. 첩지 좌우에 다리를 이용한 긴 모발을 부착시켜 고정 끈으로 하여 첩지를 가리마 가운데에 두고 양쪽으로 본인의 모발과 함께 땋아 후두부에서 한 다발로 함께 묶어 쪽을 지었다. 궁중 여인들은 항상 첩지를 부착하고 일반 여인들은 예장시에만 사용했다. 예장 때 화관이나 족두리가 흘러내리지 않도록 고정시키는 역할과 함께 궁중에서는 평시에도 첩지머리를 하고 있었으며 침실에 들때만 풀어놓았다.

### 2) 떠구지

어여머리 위에 장식된 떠구지머리는 다리를 사용하여 크게 장식하였다. 다리를 사용하는 대신에 나무로 만들어 예식 때 사용을 하였다.

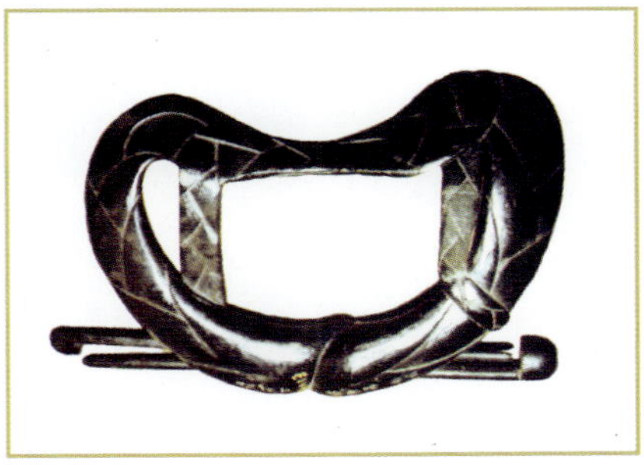

### 3) 떨 잠

어여머리에 장식하는 것으로 원형과 삼각형의 옥판에 진주, 칠보, 보석 등으로 장식을 하고 흔들거리는 나비모양으로 꾸몄다.

### 4) 다 리

어여머리, 얹은머리 등을 할 경우에 높게 장식을 하기 위해 사용을 한다. 또한 숱이 적은 머리나 짧은 모발에 연결을 하며 땋은 다리는 머리에 둘러 높은 머리를 할 수 있다.

### 5) 비 녀

큰머리, 어여머리 등을 할 경우에 쪽을 지어 고정 시키고 장식을 하기 위하여 사용한다.

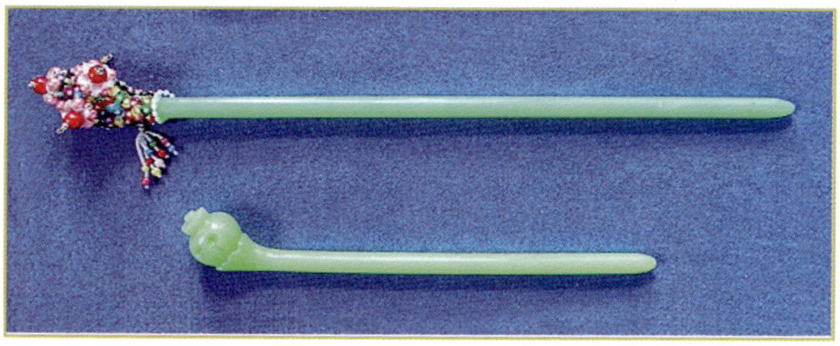

### 6) 댕 기

미혼녀의 땋은 머리와 쪽머리, 궁중에서 큰머리, 어여머리 등을 할 때 모발 끝에 사용하는 것으로 매개댕기, 큰 댕기, 앞 댕기, 제비부리댕기, 도투락댕기, 말뚝댕기 등이 있다.

## 7) 배 씨

여자 어린이의 땋은 머리에 사용하는 장식이다.

## 8) 족두리

쪽진 머리를 할 경우 가체로 이용할 수 있다.

## 2. 고전머리 실제

### 1) 댕기머리

어린 여자아이부터 젊은 층의 여성들이 명절이나 행사 때 한복을 입을 경우 할 수 있다.

1. 앞이마에서 정중선으로 가르마를 탄 후 투 이어 파트로 나누고 나머지 모발을 임시로 고정시키고 후 투 이어 파트의 모발을 세 가닥으로 땋기 시작한다.

1-1

1-2

1-3

2. 양쪽 모두 땋아서 묶어둔다.

2

3. 투 이어 파트를 제외한 모발을 네이프 부분에서 3가닥으로 나누어 세가닥 땋기를 1회 한 후 왼쪽에 땋아둔 모발을 같이 땋는다.

3-1

3-2

3-3

4. 오른쪽에 땋아둔 모발을 같이 땋은 후 댕기로 마무리 한다.

4-1

4-2

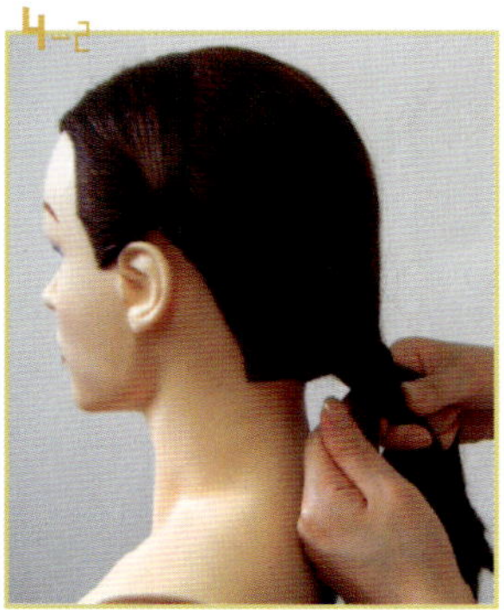

## 2) 쪽머리

쪽머리는 삼국시대부터 하였던 머리모양으로 북계, 후계, 낭자머리라고도 하며 현재에도 결혼식, 약혼식 또는 한복을 입을 때 하는 주로 하는 스타일이다.

1. 코 끝에서 이마 중앙으로 가르마를 탄다.
2. 후론트 센타(frontal center)에서 C형으로 빗질한다.
3. 탑 뒤쪽의 모발은 모두 뒤로 곱게 빗질한다.

1

2

3

4. 네이프 포인트에서 고무줄로 묶고 세 가닥 땋기를 한 후 접어 다시 고정시킨다.
5. 땋은 가체에 댕기를 드린다.

4-1

4-2

5

6. 가체를 네이프부분의 묶은 다발에 붙여 묶어준다.

6-1

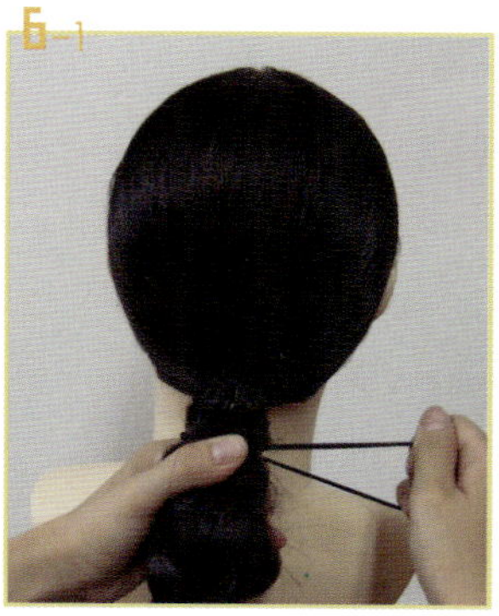

6-2

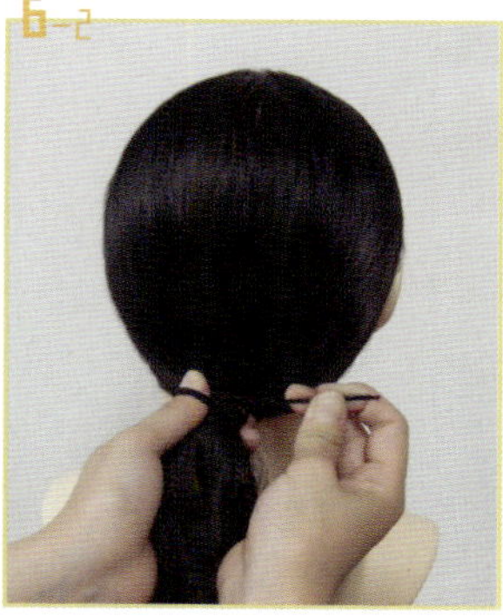

7. 묶은 후 가체를 왼손에 한 바퀴 돌려준 후 댕기를 돌려서 감아준다.

7-1

7-2

8. 댕기를 시침핀으로 고정시킨다.
9. 가체를 돌려서 네이프의 묶은 부분에 돌려 얹는다.

8

9

10. 비녀를 오른쪽에서 왼쪽으로 두상과 평행이 되게 꽂아준다.
11. 각종 액세서리를 우아하게 스타일로 변형할 수 있다.

10-1

10-2

11

### 3) 첩지머리

첩지머리는 머리장식에 쓰이는 첩지를 얹은 여자의 머리모양으로 계급의 표식이기도 하였다. 조선시대 왕비를 비롯한 내·외명부가 머리모양에 치장을 하기 위하여 장신구로 사용하였다.

1. 코 끝에서 이마 중앙으로 가르마를 탄 후 후론트 센타(frontal center)에서 C형으로 빗질한다.
2. 골덴포인트 부분의 모발은 전체적으로 후두부 쪽으로 곱게 빗질한다.

1

2
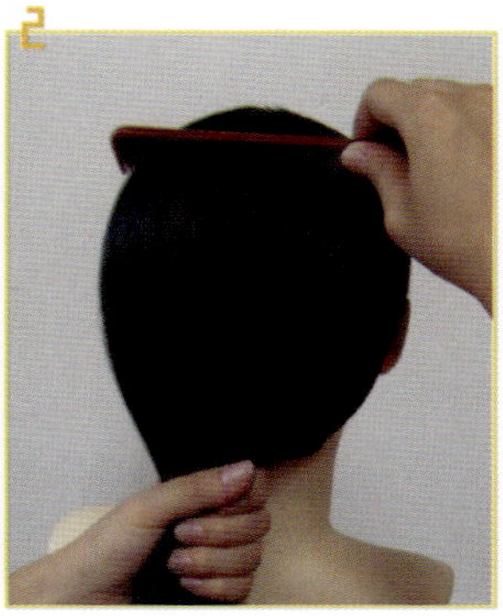

3. 네이프 포인트에서 고물줄로 묶고 세가닥 땋기를 한다.
4. 땋은 후 접어 다시 고정시킨다.

3

4
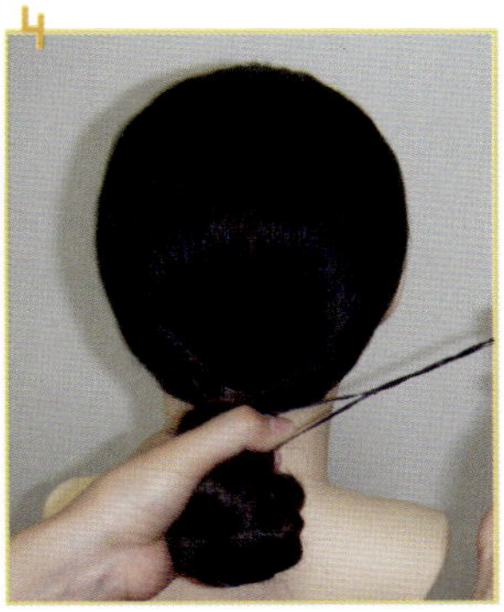

5. 첩지를 탑 포인트에 올려놓고 양쪽 귀 뒤로 내려서 네이프의 묶은 부분에 고정한다.
6. 땋은 가체에 댕기를 드린다.

5

6

7. 네이프에 묶은 본발에 가체를 붙여 묶는다.
8. 가체를 고정시킨 후 왼손에 가체를 한 바퀴 돌려 잡고 댕기를 돌려준다.
9. 댕기를 다 돌려준 다음 시침 핀으로 고정시킨다.

7
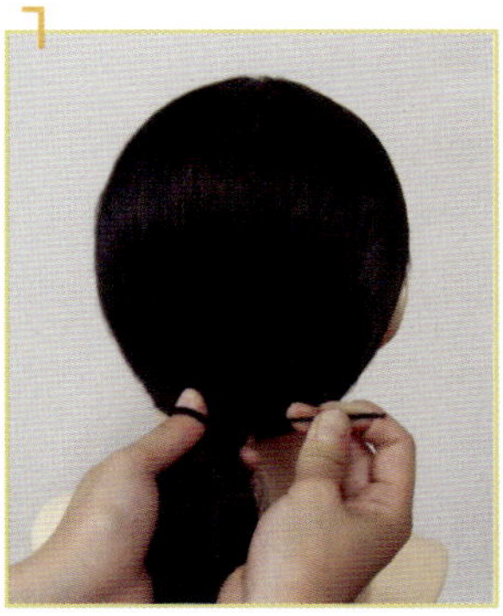
8

9

10. 오른손으로 왼손에 있던 가체를 돌려서 네이프의 묶은 부분에 돌려 얹는다.
11. 비녀를 오른쪽에서 왼쪽으로 두상과 평행이 되게 꽂아준다.
12. 첩지 머리를 완성 시킨다.

10

11-1

11-2

12

## 4) 어여머리

어여머리라 하며 이 머리모양은 명나라 제도로 의식이나 혼인에 사용하던 부녀자의 수식으로 금, 옥, 진주 등을 사용하여 화려하게 치장한 예장용으로 궁중에서나 왕가 부녀들과 지밀상궁의 머리모양이었다.

1. 앞이마의 중심에서 탑 포인트(Top point)까지 중간 가르마를 한다.
2. T.P 지점 뒤 부분의 모발은 뒤로 깨끗하게 빗질한다.

1

2

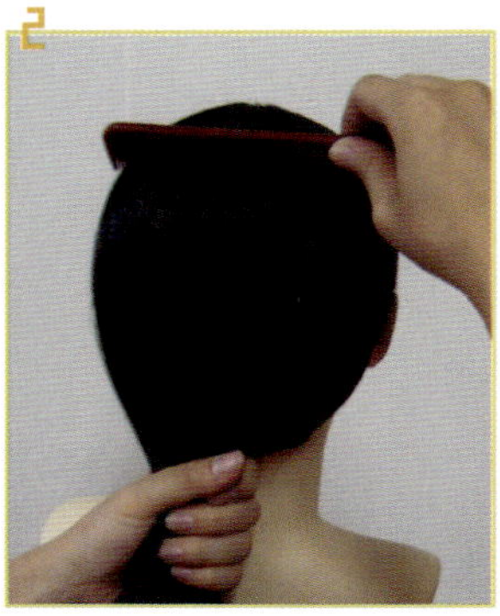

3. 후론트 포인트(Front point)에서 좌측과 우측으로 각각 C커브로 빗질한다.
4. 전체 모발을 깨끗이 빗질하여 네이프 부분에서 묶어준다.

3

4

5. 묶은 모발을 세가닥을 땋아준다.
6. 땋은 모발을 접어서 묶어준다.
7. 가체를 네이프의 묶은 부분에 고정 시킨다. 이때 짧은 부분이 왼쪽, 긴 부분이 오른쪽으로 가도록 한다.

5

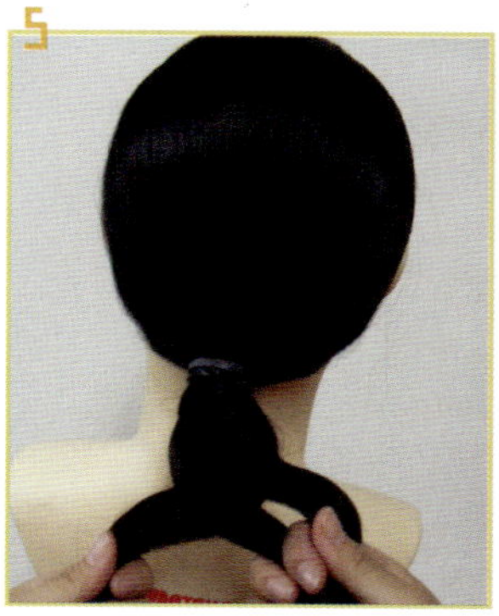

6

7

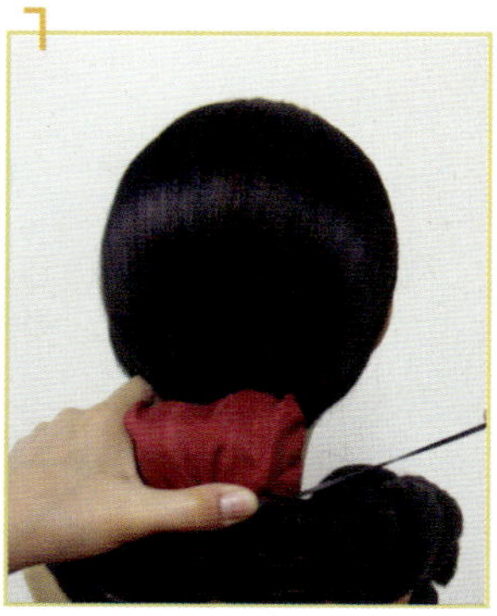

8. 앞가르마에 어염족두리를 얹어 고정한다.
9. 왼쪽의 짧은 쪽 가체를 오른쪽으로 돌려 네이프 아래쪽에서 고정한다.

8

9

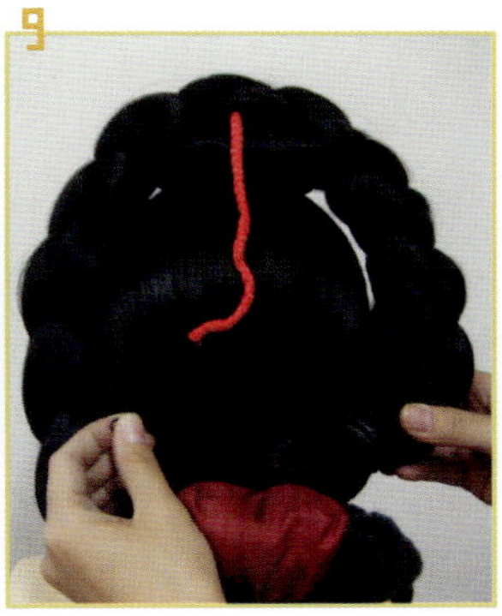

10. 오른쪽 가체를 센타를 지나 왼쪽으로 돌려 고정한다.
11. 어염족두리 끈으로 가체를 묶어준다.

10

11

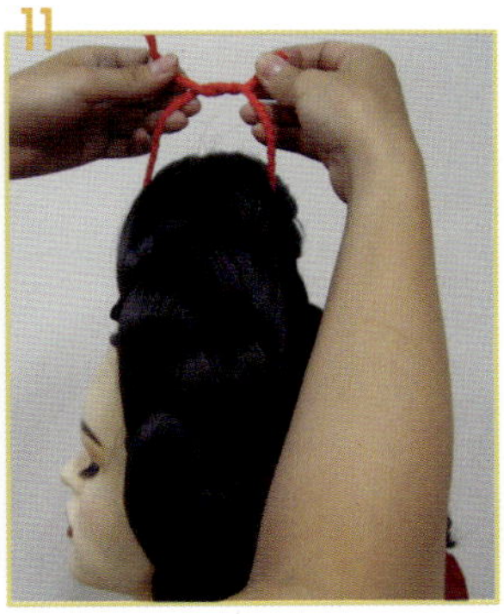

12. 뒷부분에 작은 가체를 붙여준다.
13. 전체적으로 U핀과 보비핀으로 고정시켜 준다.
14. 떨잠으로 장식한다.

12

13

14

## 5) 떠구지 머리

어여머리 위에 나무재질로 된 떠구지를 후두부의 돌출부위로 세워 올려 장식하여 큰 머리모양이 된다.

1. 앞이마의 중심에서 탑 포인트(Top point)까지 중간 가르마를 한다.
2. T.P 지점 뒤 부분의 모발은 뒤로 깨끗하게 빗질한다.

1

2

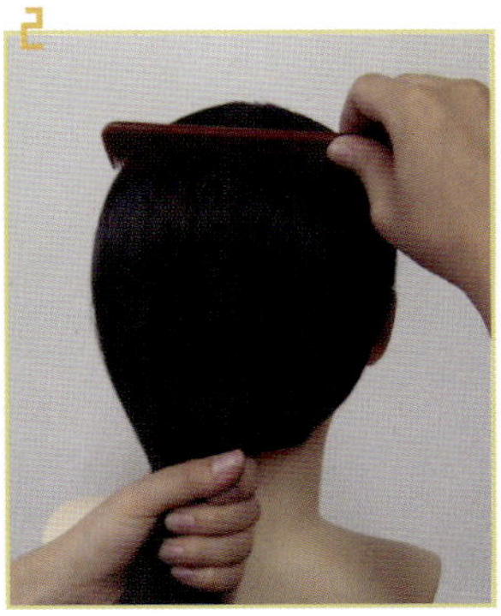

3. 후론트 포인트(Front point)에서 좌측과 우측으로 각각 C커브로 빗질한다.
4. 전체 모발을 개끗이 빗질하여 네이프 부분에서 묶어준다.

3

4

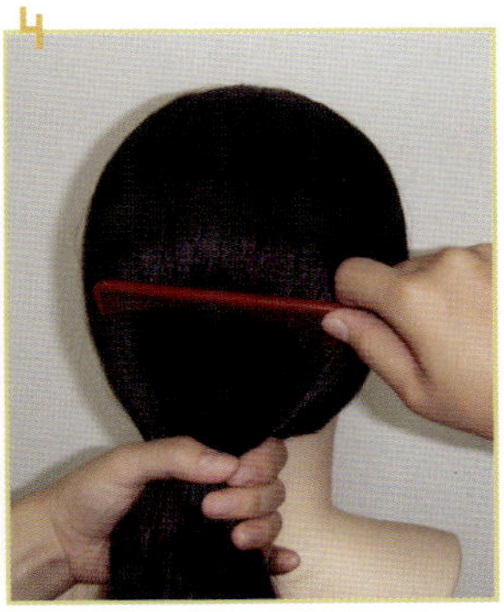

5. 묶은 모발을 세가닥을 땋아준다.
6. 땋은 모발을 접어서 묶어준다.
7. 가체를 네이프의 묶은 부분에 고정 시킨다. 이때 짧은 부분이 왼쪽으로 긴 부분이 오른쪽으로 가도록 한다.

5

6

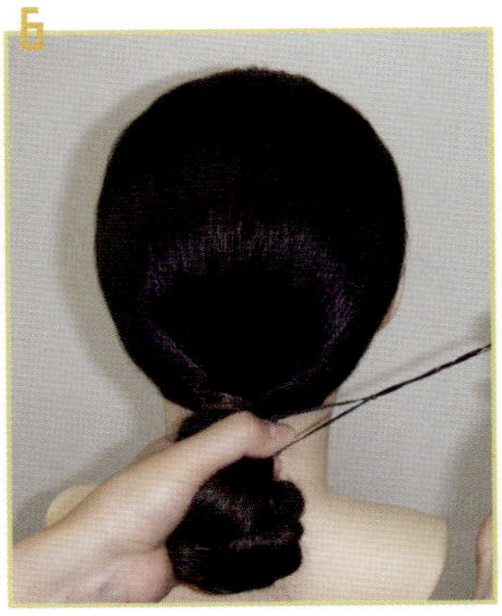

7

8. 앞가르마에 어염족두리를 얹어 고정한다.
9. 왼쪽의 짧은 쪽 가체를 오른쪽으로 돌려 네이프 아래쪽에서 고정한다.

8

9

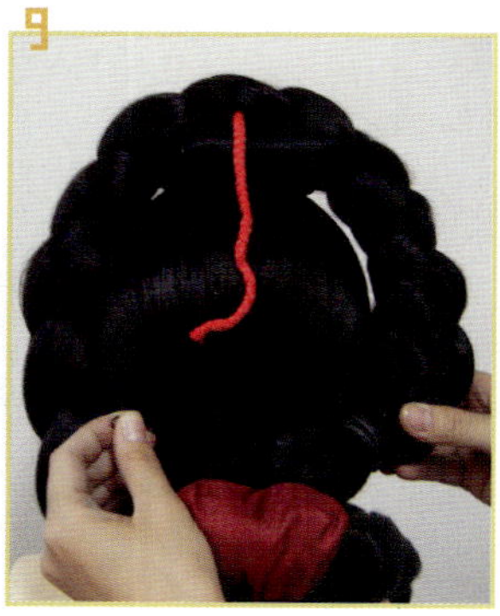

10. 오른쪽 가체를 센타를 지나 왼쪽으로 돌려 고정한다.
11. 뒷부분에 깨끗하게 정리하기 위해 작은 가체를 붙여준다.
12. 떨잠으로 장식한다.

10

11

12

13. 떠구지를 얹는다.
14. 어염족두리 끈으로 가체와 떠구지를 같이 묶어준다.
15. 완성한다.

13

14

15

## 6) 새앙머리

고려에서 이조말기까지 유행한 새앙머리는 궁중 아기나인의 머리모양이며 양반가에서 정초나 동지에 규수들이 입궐 할 때 새앙머리를 하고 떨잠이나 봉, 나비 등이 조각된 뒤꽂이와 댕기 코에는 석웅황(石雄黃)으로 장식하였다.

1. 앞이마의 중심에서 탑 포인트(Top point)까지 중간 가르마를 한다.
2. 후론트 포인트(Front point)에서 좌측과 우측으로 각각 C커브로 빗질한다.

1

2

3. T.P 지점 뒤 부분의 모발은 뒤로 깨끗하게 빗질한다.
4. 전체 모발을 깨끗이 빗질 한다.

3
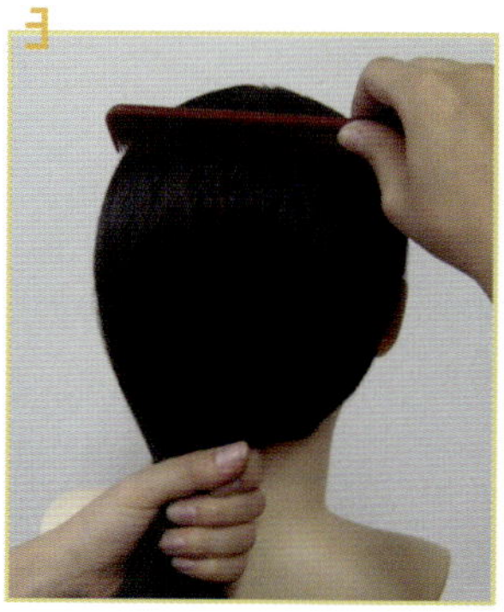

4

5. 전체 모발을 묶어 둔다.
6. 묶어 놓은 모발을 세 가닥으로 땋는다.
7. 땋은 후 접어서 네이프 포인트(Nape point)에서 묶어둔다.

5
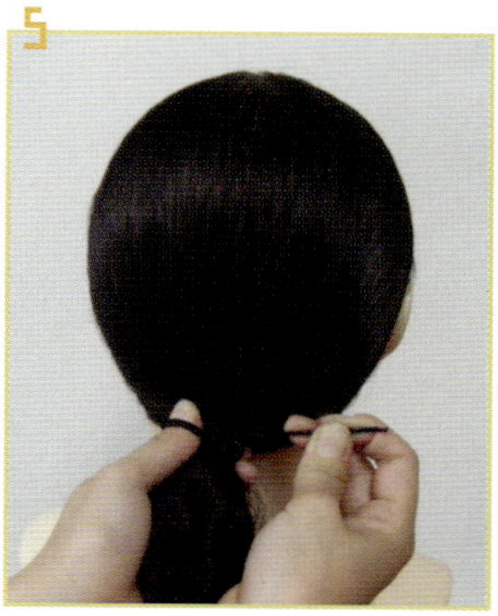

6

7
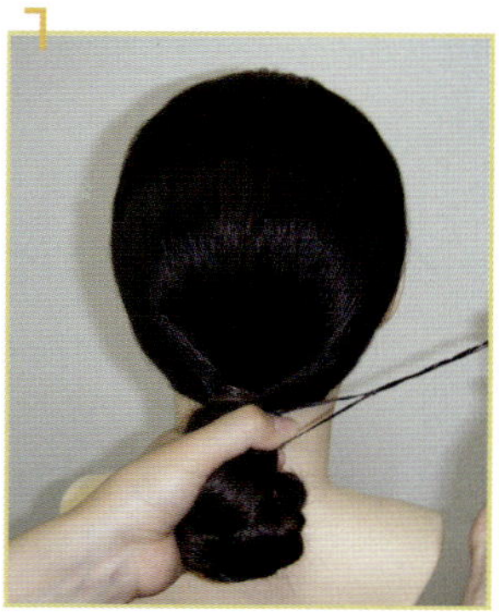

8. 준비한 가체의 양쪽 끝을 접어 고무줄로 묶어 새앙을 만들어 둔다.

8-1

8-2

9. 네이프의 묶어둔 부분에 새앙을 붙인다.
10. 댕기를 수평으로 네이프 안쪽으로 넣어 준다.

9

10

11. 수평으로 넣은 댕기로 새앙을 묶어준다.
12. 묶은 댕기를 가지런하게 놓아둔다.

11

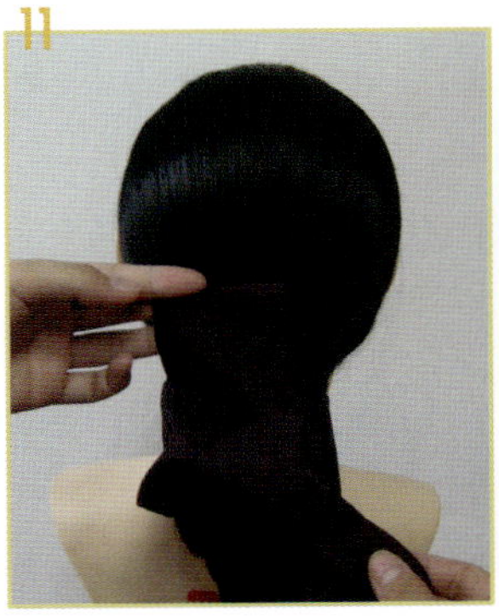

12

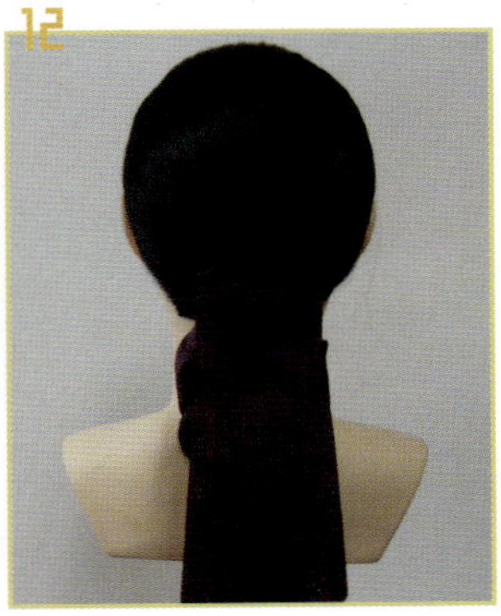

## 7) 둘레머리

1. 앞이마의 중심에서 탑 포인트(Top point)까지 중간 가르마를 한다.
2. 후론트 포인트(Front point)에서 좌측과 우측으로 각각 C커브로 빗질하여 전체모발을 묶어준다.

1

2

3. T.P 지점 뒤 부분의 모발은 뒤로 깨끗하게 빗질한다.
4. 묶어 놓은 모발을 세 가닥으로 땋는다.

3
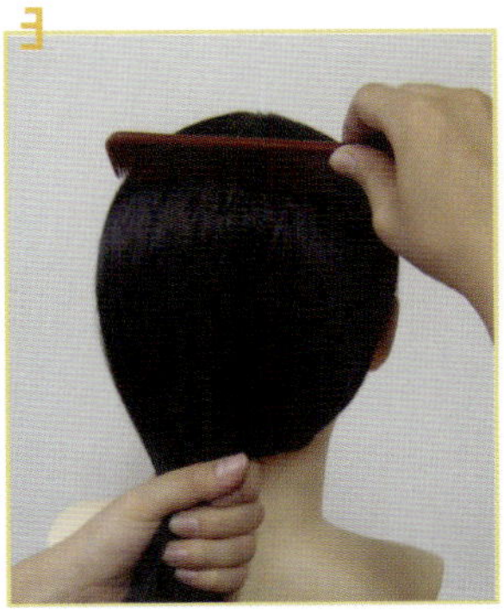
4

5. 땋은 후 접어서 네이프 포인트(Nape point)에서 묶어두고 가체를 넣는다.
6. 가체를 네이프의 묶어둔 부분 밑으로 넣어서 오른쪽 관자놀이 부분으로 돌려 고정한다.

5

6

7. 왼쪽과 오른쪽의 가체를 돌린 후 가체를 고정시킨다.
8. 댕기를 적당한 위치에 넣어준다.

7

8

9. 댕기를 묶어준다.
10. 묶은 댕기를 가지런하게 놓고 마무리 한다.

9

10

## 8) 가체머리

가체를 이용하여 고전머리를 응용한 스타일이다.

1. 앞이마의 중심에서 탑 포인트(Top point)까지 중간 가르마를 한다.
2. 후론트 포인트(Front point)에서 좌측과 우측으로 각각 C커브로 빗질한다.

1

2

3. T.P 지점 뒤 부분의 모발은 뒤로 깨끗하게 빗질한다.
4. 전체 모발을 묶어 모발을 세 가닥으로 땋는다.
5. 땋은 후 접어서 네이프 포인트(Nape point)에서 묶어둔다.

3

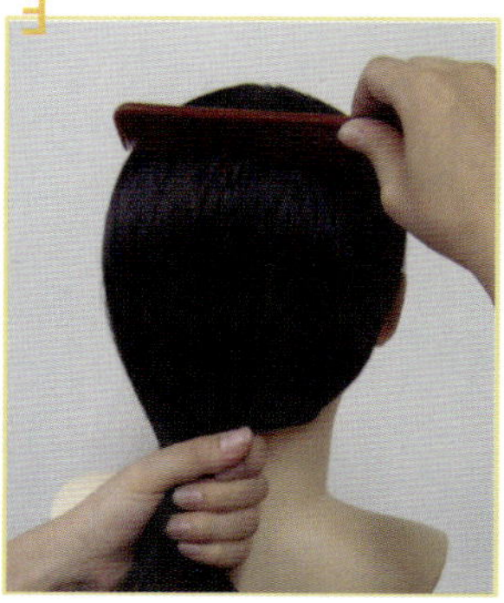

4

5

6. 가체를 네이프의 묶은 모발 밑으로 넣어준다.
7. 왼쪽과 오른쪽으로 디자인 한대로 돌려 고정한다.
8. 액세서리를 디자인한 위치에 장식해 준다.

6

7

8

# 부 록

# 부록 supplement

# 용어정리

## [ㄱ]

· 가이드라인(guide line) : 헤어스타일을 만드는데 기준이 되는 머리의 길이.
· 각도 : line이 교차 될 때 만들어지는 천체축의 주요 각을 말한다. 0°, 45°, 90°이다.
· 강조(accent) : 헤어디자인의 실루엣, 재질, 색채 중에서 어느 한 부분을 강조 하는 것.
· 개성(individuality) : 각 사물 또는 각 개체가 지닌 특유한 성격.
· 계란형(ovoid figure) : 타원형의 얼굴 형태로 가장 이상적인 얼굴의 형태이다.
· 골덴 포인트(golden point) : 턱부터 귀 위를 지나는 연장선상과 정중선이 만나는 점을 말한다.
· 구형(Spherold) : 두상의 곡면을 따라 넓이와 길이가 같게 볼륨감을 형성 시킨다.
· 금속성 브러쉬 (Metal Brush) : 브러쉬 전체가 금속성인 알루미늄으로 되어있다.
· 꼬기(twist) : 하나, 둘 혹은 세 가닥의 머리를 교차하거나 꼬아서 모양을 만들거나 다른 형태를 내는 방법.
· 꼬리빗(rattail comb) : 끝이 꼬리처럼 생겨서 꼬리빗이라 하는데, 주로 퍼머넌트 웨이브를 할 때, 슬라이스를 뜰때나 수염분장 할 때, 생사를 다듬거나 수염 형태를 잡을 때 사용한다.

## [ㄴ]

· 내로우 웨이브(Narrow Wave) : 릿지와 릿지사이가 좁아 웨이브의 파장이 많고 커브가 급한 웨이브로 곱슬곱슬한 스타일을 말한다.
· 노트(kote) : 모발가닥을 엮어 묶은 매듭.
· 내츄럴 스트레이트(natural straight) : 모발이 자연스럽고 바르게 내려오는 스타일.
· 네이프(nape) : 후두부의 목덜미를 말한다.
· 네이프 라인(nape line) : 목덜미 부분의 두발과 피부의 경계선으로 후두부에서 머리가 나기 시작한 곳의 선을 말한다.
· 네트(net) : 헤어망.
· 노 파트(No Part) : 파트를 나누지 않고 두발방향이 자연스럽다
· 논 스템 컬(non stem curl) : 스템이 없는 컬, 즉 컬에 있어서 두발 스트랜드 뿌리 부분의 가라앉는 부분이 없는 컬을 말한다.

## [ㄷ]

· 다운 스타일(down style) : 머리를 자연스럽게 내린 머리모양.
· 다운 스템(down stem) : 스템은 줄기를 말한다. 컬의 경우, 베이스에서 컬이 말리기 시작한 곳까지.
· 다이애거널 웨이브(Diagonal Wave) : 웨이브의 리지가 사선으로 비스듬히 만들어진 웨이브를 말한다.
· 대칭(symmetry) : 균형적인 것.
· 대조(contrast) : 두 개의 요서가 서로 대립하는 것.
· 덜 웨이브(dull wave) : 덜은 활발하지 않은, 둔한, 침체되었다는 뜻, 굴곡이 확실하지 않은 웨이브.
· 디자인(design) : 아름다운 형태를 지니도록 계획, 설계하는 일.
· 덴맨 브러시(denman brush) : 많은 양을 드라이 할 때 쓰는 브러시

## [ㄹ]

· 라운드 브러시(round brush) : 둥근 모양의 브러시
· 라운드 사이드 파트(round side part) : 곡선으로 나누었다는 뜻으로 파트된 선이 곡선으로 된 것을 말한다.

· 라이프 스타일(life style) : 사람들의 생활양식.
· 레프트 사이드(left side) : 왼쪽, 좌측부.
· 렛 테일 콤(rat-tail comb) : 꼬리 빗. 모발을 나눌 때 사용한다.
· 로맨티시즘(romanticism) : 낭만주의. 몽상적, 감상적, 주관적 정서를 즐기는 풍토.
· 롤러(roller) : 머리 모양에 볼륨을 위해 사용하는 세트용 기구.
· 롱 스템 컬(long stem curl) : 핀컬이나 롤러 컬, 퍼머넌트 컬, 아이롱 컬을 할 때 베이스에서 회전(loop 혹은 circle)이 시작되는 부분(피봇 포인트, p.p)이 길게 늘어져 있는 부분(두피 부분에 눕혀져 있는 모발의 뿌리 부분)의 긴 컬을 말한다.
· 리듬(rhythm) : 운율, 박자.
· 리버스 컬(reverse curl) : 리버스는 반대의, 역전이라는 뜻으로 플랫 컬에서는 포인드 컬과 반대 방향의 컬을 말한다.
· 리세트(reset) : 끝마무리나 콤아웃(comd out), 브러시 아웃 등의 끝마무리 작업.
· 리프트 컬(lift curl) : 핀컬의 일종으로 45°로 유지하면 뿌리 부분이 살아 두발 끝쪽은 나풀거리면서 방향성을 띠는 핀컬로 사이드에서 많이 응용된다.
· 릿지(lidge) : 리지(ridge): 봉오리라는 뜻으로 핑거 웨이브의 한 단과 단 사이의 일정한 선을 이루며 입체적으로 튀어나온 연장된 선으로 C컬(clockwise curl 시계 바늘이 도는 방향의 하프 컬 half curl)과 CC컬(counter clock-wise, 시계바늘이 도는 반대 방향의 하프 컬)이 교차되면서 생기는 연결선을 말한다.
· 루트(root) : 머리의 뿌리를 말한다.

## [ㅁ]

· 매치(match) : 조화가 잘되어 있는 것.
· 메쉬(meche)(불) : 모발의 묶음.
· 모근(hair root) : 두피의 표피 아래에 있는 모낭 안에 있는 모발 부분으로 모근을 감싸고 있는 단단한 막을 말한다.
· 모던(modern) : 현대적인, 근대적인.
· 모드(mode) : 방법, 형식, 양식, 유행.

## [ㅂ]

· 버티컬(vertical) : 세로.
· 바이어스(bias) : 사선, 비스듬한.
· 반복(repetition) : 여러번 거듭하는 것
· 백(back) : 두상의 뒷부분.
· 백콤(back comb) : 볼륨을 주고자 모발을 들어서 모근쪽으로 밀어 넣는 동작.
· 밴딩(banding) : 고무줄이나 끈으로 묶어 고정하는 것.
· 밸랜스(balance) : 균형, 디자인 요소들의 평형관계.
· 뱅(bang) : 이마를 덮도록 가지런히 자른 앞머리.
· 버티컬 웨이브(vertical wave) : 섹션과 브러시의 위치를 수직으로 하여 시술시 웨이브 리지가 수직이 되는 것. .
· 베이스(base) : 기초가 되는 것.
· 볼륨(volume) : 공간을 나타내는 부피.
· 브러싱(brushing) : 브러싱(brushing): 브러시를 사용하여 모발을 빗는 것.
· 브레이드(braid) : 모발을 여러 가닥으로 땋는 것.
· 블로킹(blocking) : 블로킹(blocking): 컷이나 세트 또는 와인딩, 업스타일 등을 하기 쉽게 두부를 구분하는 것.

## [ㅅ]

· 사이드(side) : 양측두부.
· 사이드 파트(side part) : 옆 가르마로서 4:6 또는 3:7 등의 비율로 나눈다.
· 선(line) : 연장된 점들의 집합.
· 세트(set) : 모발을 정리하는 것. 본래의 의미는 '특정한 위치나 상태로 둔다' 라는 뜻.
· 섹션(section) : 부분, 구면, 칸막이 등의 의미로 블로킹으로 구분한 부분 또는 더 작게 나눈 부분을 말한다.
· 센터 백 파트(center back part) : 두정부에서 뒤 네이프까지의 전체를 중앙으로 나누는 것.
· 센터 라인(center line) : 코의 중심을 시작으로 두상을 좌우로 나누는 선.
· 센터파트(center part) : 머리를 이마에서 정중선으로 나눈 것.
· 스켈톤 브러쉬(Skelton Brush) : 헤어스타일에 모근을 자연스럽게 세우고자 할 경우 사용.
· 스타일(style) : 헤어나 패션을 시대와 지역에 따라 유해하는 특정한 양식
· 스타일링 브러쉬(Styling Brush) : 헤어스타일을 최종적으로 정리할 때 사용하는 브러시
· 스텐드 업 컬(stand up curl) : 컬이 베이스의 정상에 위치하여 두피에 서있는 컬.
· 스템(stem) : 베이스에서 핀컬이 시작되는 모든 부분부터 고리 형태의 시작 부분인 스타일의 기둥 부분으로 컬이나 웨이브의 뿌리 부분에 해당되며 볼륨의 정도에 따라 롱(long)스템, 하프(half)스템, 노(no)스템 등으로 나뉜다.
· 스트랜드(strand) : 머리단, 한 다발의 머리카락, 요소, 성분 또는 가닥으로 가른 두발 또는 한 단위를 형성하는 두발을 말한다.
· 시뇽(chignon) : 모발을 틀어 올리거나, 묶어나 롤로 말아 묶은 것.
· 시메트리(symmetry) : 좌우가 대조적으로 균형이 맞는 것, 좌우대칭.
· 실루엣(silhouette) : 윤곽선, 라인과 같은 뜻으로 쓰임.
· C컬 : 웨이브 모양 중에 S자 컬의 1/2인 C자 형태의 웨이브.
· S자 웨이브 : C컬과 반대 C컬이 합쳐진 모양의 웨이브.

## [ㅇ]

· 액티베트activated) : 커트한 모발 끝이 보이는 것.
· 아웃라인(out line) : 헤어스타일의 실루엣(silhouette).
· 아우트라인(outline) : 윤곽, 외곽선, 외형, 헤어스타일의 아우트라인은 스타일 연출상 가장 중요한 외형을 나타낸다.
· 안마름(In Curl) : 두발이 안쪽으로 C자형.
· 액세서리(accessory) : 완성된 헤어스타일에 장신구, 부속품등을 사용하는 것.
· 앵글(angle) : 각도.
· 어시메트리(asymmetry) : 균형이 맞지 않는 불균형을 비대칭이라 한다.
· 언더 브레이드(under braid) : 바깥 가닥을 가운데 가닥의 아래로 교차시키면서 땋는 방식=아래땋기.
· 언밸런스(unbalance) : 균형이 잡히지 않은 불균형.
· 업스타일(upstyle) : 올림머리, 얹은머리.
· 앤드 오브 컬(end of curl) : 컬 상태로 만들어진 모발의 선단 부분, 컬의 끝부분.
· 앤드 플루프(end fluff) : 모발의 끝에 율동감을 주는 것.
· 에스자형 브러쉬(Sigmoidl Brush) : 둥근 부분을 브러싱 하기가 용이함.
· 엘레강스(elegance) : 우아하고 고상한.
· 오버랩(overlap) : 겹치다.
· 오프 더 페이스(off the base) : 얼굴로부터 떨어져서라는 의미, 미용용어에서는 머리를 뒤로 넘겨서 이마를 확실하게 드러내는 헤어스타일을 말한다.

· 온 더 베이스(on the base) : 섹션의 중심이 90°가 되는 것. 블로우 드라이시 큰 볼륨을 만들 수 있다.
· 와인딩(winding) : 모발을 로드에 마는 기법, 랩핑(wrapping)이라고도 한다.
· 원(circle) : 기하학적인 닫힌곡선 모양으로 원주로 둘러싸여 있으며 중앙의 시작점에서 직경이 일정하다.
· 원랭스 커트(one length cut) : 모발의 커트선이 층이 없이 동일선상에 있는 것.
· 원 롤(one roll) : 모발을 하나로 크게 말린 형.
· 위그(wig) : 가발.
· 위로 땋기(over braid) : 바깥 가닥을 가운데 가닥 위로 교차시켜서 도드라지게 하는 것.
· 유형(type) : 타입.
· 이미지(image) : 인상, 매체상의 형성 또는 기억된 것.
· 이미지 라인(image line) : 얼굴, 턱, 두부의 형으로부터 전체 실루엣을 정해 헤어디자인을 위해 만드는 라인.
· 이어 투 이어 라인(ear to ear line) : 이어 포인트(ear point, E.P.)에서 이어 포인트(E.P.)로 연결한 선으로 측중선이라고도 한다.
· 이어 투 이어 파트(ear to ear part) : 이어 포인트(ear point, E.P.)에서 이어 포인트(E.P.)로 연결한 선으로 모발을 나누는 것.

## [ㅈ]

· 조형 : 미적 요소 전반에 걸쳐 형태를 만드는 것.
· 조형예술 : 조형을 통해 아름다움을 표현하는 예술.
· 조화(harmony) : 한 가지 혹은 여러 가지의 단위들의 어울리는 것.
· 진행(progression) : 어떤 요소가 비례에 따라 점진적으로 커지거나 작아지는 변화.
· 질감(texture) : 물질 표면의 매끈함, 또는 거칠음 등 재질의 촉각적, 시각적 느낌.
· 장구형(Prolate) : 톱 부분 보다 아래 부분에 볼륨감을 형성 시킨다.

## [ㅊ]

· 창작(creation) : 독창적으로 새로운 것을 만들어 내거나 발견하는 능력.
· 축(axis) : 어떤 물체의 주위를 회전하는 가상의 수직선.

## [ㅋ]

· 카울릭 파트(cowlic part) : 가르마 타는 방법의 하나로 이마 위에 흐트러진 머리칼
· 컨백스(convex) : 바깥쪽으로 휘어진 모양.
· 컨케이브(concave) : 안쪽으로 움푹 들어갔다는 의미,
· 컨트롤(control) : 조정, 조절, 통제.
· 컨셉(concept) : 디자인을 위한 구성, 즉 계획과 전개를 포함한 구상.
· 컬(curl) : 웨이브를 만드는 것.
· 코로넷(coronet) : 부인용 머리장식으로 금이나 보석, 꽃 등으로 만들어진 것.
· 코밍(combing) : 코움(빗)을 이용해서 모발을 가지런하게 빗는 것.
· 코이퓨어(coiffeur) : 헤어스타일에 생화, 조화 또는 생화와 조화를 엮어 장식.
· 콤(comb) : 빗.
· 콤 아웃(comb out) : 마무리 하는 것.
· 크라운(crown) : 두정부.
· 크레스트(crest) : 웨이브의 가장 높은 정상.
· 크로스 피닝(cross pinning) : 헤어 핀을 십자로 교차시켜 꽂는 것.
· 클립류(Clips) : 각 섹션의 모발을 고정시키는 역할.
· 쿠션 브러쉬(Cushion Brush) : 몸통 자체가 탄력 있는 고무판으로 되어 있다.

## [ㅌ]

· 타원(oval) : 평면위의 두 정점으로부터 거리의 합이 일정한 점의 집합으로 만들어지는 곡선.
· 테크니컬(technical) : 기술적인, 전문적인.
· 텐션(tention) : 긴장, 신장, (탄력체의) 장력, 응력, 팽창력, 잡아당기는 힘에 의해 생기는 장력, 늘어나는 힘이나 늘어나고 있는 상태, 즉 와인딩할 때 두발을 잡아당기는 힘.
· 톱(top) : 정상.
· 통일(unity) : 많은 것을 하나의 규격으로 정리.
· 트라이앵귤러 베이스(triangulat base) : 삼각 베이스.
· 트랜드(trend) : 방향, 경향.
· 트리밍(trimming) : 손질하는 것.
· 트위스트(twist) : 꼬다. 비틀다.

## [ㅍ]

· 편구형(Oblate) : 길이보다 너비에 볼륨감을 확장 시킨다.
· 패널(panel) : 가는 판상으로 나눈 머리 묶음.
· 패턴(pattern) : 형, 유형.
· 퍼룸(forum) : 소재, 질감, 양감. 움직임 등을 가미해서 만들어진 형.
· 페이스(face) : 얼굴라인.
· 포니테일(pony tail) : 모다발을 말의 꼬리와 같이 내려진 머리형.
· 포워드(forward) : 전방을 향해, 얼굴을 향하여' 라는 뜻으로 스타일을 구심적으로 구하고 싶을 때라든지 슬라이스를 뜰 때 등에 사용한다.
· 폼(form) : 형, 형태.
· 퐁파두르(Pompadour) : 이마 선으로부터 앞머리 전체를 높게 올린 스타일.
· 플랫 컬(flat curl) : 두피에 컬이 편평하게 붙어 있는 것.
· 프로세스(process) : 과정, 순서.
· 프런트(front) : 전두부.
· 프린지(fringe) : 이마를 부분적으로 또는 완전히 덮은 스타일.
· 피봇포인트(povot point) : 컬의 기점, 회전하는 포인트, 피봇은 선회축,
· 핀컬(pin curl) : 세팅로션과 무스 등을 발라 빗과 핀을 이용하여 평면적인 컬을 연출할 때 사용.

## [ㅎ]

· 하모니(harmony) : 조화, 화합.
· 헤어라인(hairline) : 머리가 나는 부분으로 프론트 라인(이마에 난 부분), 사이드 라인, 오프라인(목덜미에 난 부분) 등의 명칭이 있다.
· 헤어 넷(hair net) : 머리의 흐트러짐을 방지하는 망.
· 헤어 세팅(hair setting) : 머리카락의 특정한 위치에 있는 상태.
· 헤어 피스(hair piece) : 머리의 일부분에 붙이는 가발.
· 형태(form) : 통일된 부분이나 요소로 나눌수 없는 디자인의 외형.
· 호리존틀 웨이브(horizontal wave) : 섹션과 브러시의 위치가 수평으로 되어 리지가 사선이 되는 것.
· 히피 스타일(hippie style) : 히피는 기성세대의 제도나 관습에 부정적인 젊은이들의 집합을 말함. 1960년대 후반, 미국에서 일어남, 장발에 비전통적 복장, 반문명적인 행동이 특징.

# 참고문헌 reference


1. 고구려 머리모양과 관모에 관한 연구, 김민선, 건국대학교 대학원 석사논문, 2006
2. 고대에서 중세까지 한국과 일본의 전통 발형 비교 연구, 고경숙, 한국인체예술학, 2009
3. 기초디자인 : 점/선/면, 김인혜, 미진사, 2004
4. 동서양미용문화사, 김춘득, 현문사, 2002
5. 모발미학사, 류은주, 이화출판사, 2003
6. 미용문화사, 곽형심 외, 청구문화사, 2006
7. 미용미학과 미용문화사, 전선정 외, 청구문화사, 2004
8. 서양복식문화사, 정홍숙, 교문사, 1997
9. 업스타일 바이블, 김교숙, 김교숙, 제일출판사, 2003,
10. 업스타일 총론, 이숙자 외, 청구문화사, 2007
11. 업스타일 총론, 지상기외, 고문사, 2002
12. 우리나라 업스타일의 변천과정과 재현에 관한 연구, 손복심, 광주여자대학교 석사학위논문
13. 우리나라 옛여인의 머리치장, 정매자 외, 청구문화사, 2008
14. 조선과 에도시대 두발양식 및 화장 비교연구, 고경숙, 한남대학교 석사학위논문, 2004
15. 한국사의 이해, 송찬섭 외, 한국방송대학교 출판부, 1998
16. 한국서론, 김종태, 일지사, 1998
17. 한국여인의 발자취, 손미경, 서울: 미디어뷰, 2004
18. Pivot Point International, 롱헤어디자인 포럼, 2001
19. Pivot Point International, 롱헤어디자인, 2000
20. 東京志
21. 北史
22. 三國史記
23. 新唐書
24. 英祖實錄
25. 五洲衍文長箋散稿, 李圭景
26. 周書

# 찾아보기 index

# index 찾아보기

# UP STYLE DESIGN

2009년 8월 20일 초판인쇄
2009년 8월 30일 초판발행

지은이 : 고경숙 · 윤복연
펴낸이 : 이상태
디자인 : 이헌숙
펴낸곳 : 청구문화사
주 소 : (120-831)서울특별시 서대문구 연희 1동 436-1번지
전 화 : 02-332-0541(代) FAX : 02-337-9577
등 록 : 1990년 11월 2일 제9-247호

**가격 25,000원**

ISBN 978-89-5616-346-8 93590